—— 作者 ——

达雷尔·因斯

英国开放大学计算机系主任和计算机学教授，已出版二十多部著作，其中包括《软件工程》和《互联网词典》。

A VERY SHORT INTRODUCTION

THE COMPUTER

计算机

[英国] 达雷尔·因斯 著

郭铭 —— 译

译林出版社

图书在版编目（CIP）数据

计算机 /（英）达雷尔·因斯（Darrel Ince）著；郭铭译. -- 南京：译林出版社，2025. 3. --（译林通识课）. -- ISBN 978-7-5753-0551-8

Ⅰ. TP3

中国国家版本馆CIP数据核字第2025BC3948号

著作权合同登记号　图字：10-2024-433号

计算机　[英国] 达雷尔·因斯 / 著　郭　铭 / 译

责任编辑　陈　锐
装帧设计　孙逸桐
校　　对　梅　娟
责任印制　董　虎

原文出版　Oxford University Press, 2011
出版发行　译林出版社
地　　址　南京市湖南路 1 号 A 楼
邮　　箱　yilin@yilin.com
网　　址　www.yilin.com
市场热线　025-86633278
排　　版　南京展望文化发展有限公司
印　　刷　南京新世纪联盟印务有限公司
开　　本　850 毫米 ×1168 毫米　1/32
印　　张　4.25
插　　页　4
版　　次　2025 年 3 月第 1 版
印　　次　2025 年 3 月第 1 次印刷
书　　号　ISBN 978-7-5753-0551-8
定　　价　59.00 元

序　言

王崇骏

算术是关于“数（shù）和数数（shǔ shù）”的技术，前者关乎数的概念与表示，后者关乎数的基本运算与操作。算术既是所有学科的基础，也是所有人都应该掌握的重要技能。从算术诞生之日起，人类就在创造和改良各种计算工具以方便开展各种运算和操作。

两千六百年前中国人发明的算盘，是人类历史上最早的“计算机”之一，算盘通过珠子在竹简或木板上移动的方式来进行加减乘除等运算；到了17世纪，机械装置的计算方式取得了突破性进展，出现了包括帕斯卡计算机在内的各式机械计算机；19世纪初英国数学家查尔斯·巴贝奇发明的差分机，利用齿轮的咬合工艺实现了数学上的差分原理进而实现四则运算，称得上是世界上第一台“通用计算机”的雏形。

1936年，艾伦·图灵发明的图灵机给出了理论上的通用计算机模型，为日后电子计算机的发展提供了坚实的理论基础；1942年，阿塔纳索夫-贝瑞计算机的发明开启了电子计算时代的探索；1946年电子数字积分计算机的诞生则标志着全电子计算机时代的到来，也让冯·诺伊曼体系结构成为现代计算机体系结构的基础。尽管经过七十多年的发展，计算机硬件和软件都发生了巨大变革，但冯·诺伊曼体系结构的核心思想仍然广泛应用于当今主流的计算机系统中。

一般而言，可以从如下几个方面认识和理解计算机。

1. 硅基

冯·诺伊曼结构是一种将程序指令存储器和数据存储器合并在一起的存储器结构。它基于三大基本原则：采用二进制逻辑、程序存储执行，以及计算机由五个部件组成（运算器、控制器、存储器、输入设备、输出设备）。在当代，所有硬件都是基于硅基半导体技术实现的。硅基半导体技术的持续进步，使得这些核心部件不断缩小、集成度不断提高，进而推动计算机性能的不断提升。以上内容，详见本书的第一章和第二章。

2. 微型化

摩尔定律指出，集成电路上可容纳的晶体管数量，每隔大约十八至二十四个月就会翻一番，同时成本也会下降，这一定律在过去几十年中一直得到验证。随着集成电路的微型化和制造工艺的不断进步，单个芯片上的晶体管数量呈现爆炸式增长。微型化趋势使得计算机可以嵌入各种电子和机械设备中，从而更加便携、节能和实用。更多相关内容，请参见本书的第三章。

3. 网络化

1969年，罗伯特·凯恩提出的“网之网”概念直接推动了互联网时代的到来。互联网由众多相互连接的计算机网络组成，在计算机发展史上，这是一个里程碑式的创新。互联网可以被视为一台拥有几乎无限计算能力和数据存储设施的巨大计算机，它彻底改变了人类获取信息和交流的方式，极大地促进了人类社会的信息化进程。更多相关内容，请参见本书的第四章和第七章。

4. 影响

随着计算机技术在各领域的广泛应用和持续赋能，各种重大的安全问题随之而来，其相应的安全防御技术因此引起社会各方的关注。另一方面，计算机对业务的赋能可能会引发业务重整，导致某些行业出现颠覆性创新，甚至使某些技能失去价值，进而引发各种社会变迁。更多相关内容，请参见本书的第五章和第六章。

5. 硅基之后

计算机技术正在持续迭代和进步以突破硅基的局限性，各种新型计算范式，如量子计算、生物计算等，正受到广泛关注和重视。相关的理论研究和实验已经表明，基于这些新型计算范式的下一代计算机正在逐步成为现实。更多关于这些内容的详细介绍，请参见本书的第八章。

总体而言，计算机发展的历程是一部极其曲折而又充满智慧的历史，从最初的简单机械装置，到如今的智能化设备，计算机一步步推动着人类文明的进步。我由衷地希望，也相信，通过阅读这本书，读者能够清晰勾勒出这一发展过程的缩影，并能引发对这项伟大发明的思考与探索，共同见证人类文明的崛起和进步。

目　录

第一章

裸 机

引 言

计算机的主要特点之一是其存储数据的能力。它通过使用0和1的组合来表示字符或数字，以实现数据的存储。每个“字节”是由八个0和1组成的集合；每一个单独的0或1被称为“位”（二进制位）。计算机科学家使用各种术语来描述计算机中的存储。最常见的是千字节、兆字节和千兆字节。千字节是10^3个字节，兆字节是10^6个字节，千兆字节是10^9个字节。

我使用的第一台计算机是埃利奥特803型。1969年，我在大学里修了一门计算机编程课，这门课使用的就是这台计算机。它坐落在一个大约40英尺乘40英尺的房间里，计算机的硬件装在许多金属橱柜里，每个橱柜都几乎可以填满我家里的主卧浴室。你需要把写在特殊纸张上的程序提交给两个穿孔纸带操作员，然后他们准备一个纸带版本的程序。纸带的每一行都包含一系列穿孔点，这些点代表程序的各个字符。

然后，程序被带到计算机室，纸带被一种特殊用途的硬件读取，结果显示在一种叫作邮局电传打字机的设备上：这实际上是一台可以被计算机控制的打字机，它将结果打印在纸上，这些纸张的质量比卫生纸好不了多少。

计算机的存储容量是以字节为单位计算的；埃利奥特803型计算机有128千字节的存储空间，其存储器要占用两个机柜，数据保存在小金属环上。用纸带将数据输入计算机，结果通过纸或产生纸带的打孔机获得。它需要一个操作员来看管，并配有一个操作员可以调节音量的扬声器，以便检查计算机是否正常工作。它没有与外部世界的连接（互联网还没有发明），也没有用于大规模存储的硬盘。第一批埃利奥特803型的最初定价是2.9万英镑，相当于今天的10多万英镑。

当写这一章的时候，我正用一种叫作MP3的便携式音乐设备听莫扎特的音乐。它花了我大约180英镑。它很适合放在我的衬衫口袋里，并且有16 千兆字节的存储空间——比我以前大学里唯一一台计算机的容量有显著的增加。

我在一台被称为上网本的电脑上撰写这本书。上网本是笔记本电脑的精简版，可进行文字处理、电子表格制作、幻灯片演示文稿创建和互联网浏览等。它大约有10英寸长、6英寸宽。它有16千兆字节基于文件的存储空间，可以用于存储文字处理文档，连接到互联网，几乎可以瞬间下载网页，还有1千兆字节的内存用于存储临时数据。

很明显，埃利奥特803型和我现在使用的电脑之间存在着巨大的差别：临时存储空间、文件存储空间、处理速度、物理尺寸、通信设施以及价格。这种进步证明了硬件工程师的技术和创造力，他们开发的硅基电路每年都在变得更小、更强大。

现代计算机能力的增长体现在一条被称为“摩尔定律”的定律中。这是硬件公司英特尔的创始人戈登·摩尔在1965年阐述的。它指出，用于实现计算机硬件的硅基电路密度（由此计算机的能力）将每十八个月翻一番。直到我写这篇文章的时候，这条“定律”一直存在。

计算机已经从20世纪50年代和60年代的庞然大物，演变成可以放在你夹克口袋里的技术实体；它已经从最初设想只有大公司才会用于进行工资表和存货管理的电子装置，成长为一种消费电子产品，以及至关重要的商业和工业计算技术工具。平均每栋房子里有30台电脑，它们不仅可以制作文字处理文件和电子表格，还可以操作烤箱、控制电视等媒体设备、调节房间温度。

即使在七十年后，计算机仍然让我们感到惊讶。这会让20世纪50年代的许多计算机科学家感到惊讶，因为他们当时预测世界只需要少量的计算机。计算机也让我吃惊不已：大约二十年前，我认为计算机只是便于阅读研究文献和发送电子邮件；而现在，它已与互联网相结合，创造了一个全球社区，使用视频技术进行通信，分享照片，分享视频，评论新闻，评论书籍和电影。

计算机硬件

本书的一个目的，是描述计算机如何影响我们生活的世界。为了做到这一点，我将描述所涉及的技术和过去十年中出现的各种应用——主要集中于应用程序。

首先介绍计算机的基本体系结构；我将在第二章更详细地描述这个架构。如图1所示。图中的原理图既描述了最早的计算机，也描述了最新的计算机：计算机的基本体系结构在六十年里没有发生任何变化。

每台计算机的核心是一个或多个被称为处理器的硬件单元。处理器控制着计算机的工作。例如，它会处理你在电脑键盘上输入的内容，在屏幕上显示结果，从互联网上获取网页，并进行诸如将两个数字相加之类的计算。它通过“执行”一个计算机程序来实现这一点，该程序详细说明了计算机应该做什么，例如读取一个经过文字处理的文档，更改一些文本，并将其存储到一个文件中。

图1中还显示了存储。数据和程序存储在两个存储区。第一个被称为主存储器，它的特性是，无论存储在那里的是什么，都可以非常迅速地检索出来。主存储器用于存储瞬态数据——例如，一个计算的结果，它是一个更大计算的中间结果——也用于存储正在执行的计算机程序。主存储器中的数据是暂时的——当计算机关闭时，它就会消失。

硬盘存储器，也被称为文件存储或备份存储，包含了一段时间内所需要的数据。存储在这一存储器中的典型实体包括数字数据文件、字处理文档和电子表格。计算机程序在不执行时也存储在这里。

主存储器和硬盘存储器之间有许多不同之处。首先是检索时间。有了主存储器，处理器可以在几分之一微秒内检索到一项

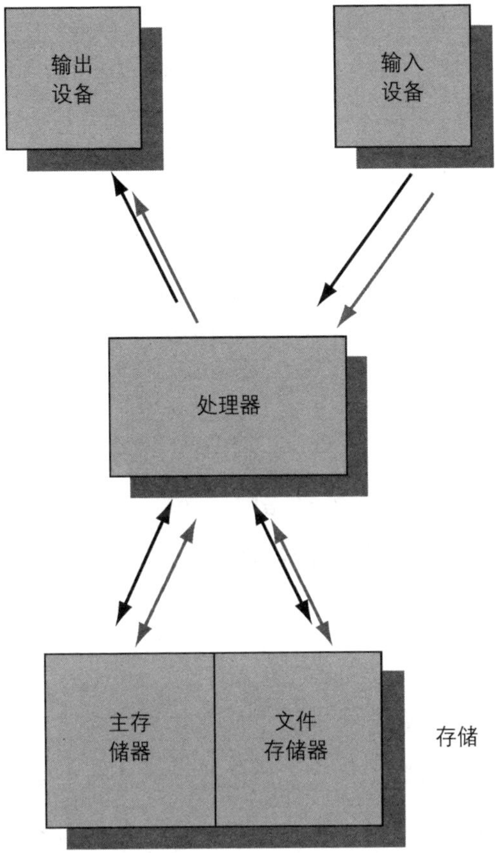

图1 计算机的体系结构

数据。在文件存储器中，检索时间要长得多；大约是毫秒量级。这样做的原因是，主存储器是硅基的，读取数据所需的一切都是通过电子电路发送的。正如你稍后将看到的，硬盘存储器通常是机械的，并且存储在磁盘的金属表面，其使用机械臂检索数据。

这两种存储器的另一个区别是，主存储器比文件存储器更昂贵；因此，电脑的主存储器通常比文件存储器少得多（我的笔记本电脑主存储器为3千兆字节，文件存储器为500千兆字节）。计算机的另一组组件是输入设备。它们将用户对计算机执行程序的要求传递给计算机。你最常遇到的两个设备是键盘和鼠标。然而，还有其他一些设备：苹果公司的iPod上的触摸屏与卫星导航系统和核电站的压力监测器是另外两个例子。

计算机的最后一个组成部分是用来显示结果的一个或多个硬件设备。这样的装置有很多种。你最熟悉的是电脑显示器和激光打印机；不过，它也可以包括足球比赛等活动中的广告显示器、飞机驾驶舱中显示飞行数据的控制台、用于生成超市收据的迷你打印机，以及卫星导航设备的屏幕。我在本书中使用的计算机的工作定义是：

> 计算机包含一个或多个处理数据的处理器。处理器连接到数据存储器。操作者的意图是通过若干输入设备传达给计算机。处理器执行的任何计算结果都将展示在若干显示设备上。

你可能认为这种说法既迂腐又不证自明；然而，我希望你能看到，随着本书的展开，对于计算机有许多激进的解释。

在离开本节之前，我们有必要看一看计算机性能增长的另一个指标。奥哈拉和沙德博尔特在其优秀著作《咖啡机里的间谍》中，描述了基于计算机的国际象棋所取得的进步。要想下好国际象棋，你需要预先考虑好一系列的走法，并评估你的对手对这些走法的每一步会如何应对，然后再决定你该如何走出每一步，依此类推。优秀的棋手在头脑中储存大量数据，能够进行快速评估。正因为如此，计算机一直被视为潜在的好棋手。

已经编写的国际象棋程序有效地存储了大量的走法和对弈，并能很快地对它们进行评估。奥哈拉和沙德博尔特描述道：在1951年，一台计算机只能提前考虑两步棋；在1956年，一台计算机可以在一个更小的棋盘上玩一盘非常有限的国际象棋，但走一步棋要花十二分钟以上。然而，在1997年，一台计算机打败了世界冠军加里·卡斯帕罗夫。这种进步，部分是由于游戏软件技术的改进；而主要原因是计算机的运行速度越来越快。

互联网

计算机不是孤立地运行，大多数都与计算机网络相连。对大多数计算机来说，这将是计算机和通信设备的巨大集合，被称为互联网；然而，它可能是一个控制或监控某些进程的网络，举例来说，一个计算机网络可以保持一架飞机在飞行，或用来监控进出城市的交通流量。

互联网已经对目前计算机的使用方式产生了重大影响；因此，有必要简要地看看它是如何与一台典型的计算机交互的——比如你在家里使用的个人电脑。

互联网是一个计算机网络——严格地说，它是一个连接许多网络的网络。它执行一些功能。首先，它将数据从一台计算机传输到另一台计算机；为了做到这一点，它决定了数据的传输路径。有一个误区是，当你使用互联网进行一些活动时，例如下载一个网页，持有网页的计算机与你的计算机之间的连接是直接的。实际发生的是，互联网通过许多中间计算机算出数据经过的路径，然后再通过它们路由数据。所以，当你看到一个网页在你的电脑上显示时，这个网页可能已经被分成了数据块，每个数据块都经过了一些大陆和一些属于公司、大学、慈善组织和政府组织的中间计算机。

互联网的第二个功能是提高可靠性。也就是说，确保当错误发生时，会有某种形式的恢复过程发生。例如，如果一台中间计算机出现故障，那么互联网的软件将发现这一点，并通过其他计算机重新发送任何故障数据。

互联网的一个主要组成部分是万维网；事实上，“互联网”这个词经常被当作“万维网”的同义词来使用。从现在起我将称它为网络，网络以一种特定的方式使用互联网的数据传输设施：存储和分发网页。网络由许多服务器以及更多的客户机（你的家用个人电脑就是一个客户机）组成。网络服务器通常是指那些比家庭或办公室用的个人电脑功能更强大的计算机。它们将由一些企业维护，并将包含与该企业相关的单个网页；例如，像亚马逊这样的在线书店将为其出售的每一件商品维护网页。

允许用户访问网络的程序被称为浏览器。当你双击桌面上的浏览器图标时，它会向网页发送一条信息，询问你的主页：这是你将看到的第一个页面。互联网的一部分被称为域名系统（通常称为DNS），它会找出页面所在的位置，并将请求路由到保存该页面的网络服务器。然后，网络服务器将页面发送回你的浏览器，显示在你的计算机上。

每当需要另一个页面时，你通常会单击该页面上显示的链接，然后重复这个过程。从概念上讲，发生的事情很简单。然而，它隐藏了大量的细节，包括发现页面存储位置、页面定位、页面发送的网络，读取页面并解释它们应该如何显示的浏览器，以及最终显示页面的浏览器。

我在描述中隐藏了一些细节。例如，我还没有描述视频剪辑和声音文件等其他网络资源是如何处理的。在后面的一章中，我将提供更多的细节。值得一提的是，在这一点上，这些资源在网络上的转移方式与网页的转移方式并没有太大的不同。

互联网是计算机从数据处理机器转变为通用机器的主要原因之一，例如，它可以编辑音乐文件、预测天气、监测病人的生命体征、展示令人惊叹的艺术作品。然而，如果没有一种特定的硬件进步，互联网将成为它自己的影子：这就是宽带。这项技术提供了十五年前我们无法想象的通信速度。大多数互联网用户必须依赖于所谓的拨号设备，它以每秒约56千位的速度传输数据。当你考虑到网页的平均大小大约是400千位时，这意味着需要大约七秒的网页显示在你的浏览器。在20世纪90年代，公司使用专用通信硬件来克服速度的不足。

不幸的是，在宽带普及之前，普通用户无法做到这一点。

典型的宽带速度从每秒1兆位到每秒24兆位不等，较低的速度大约是拨号速度的20倍。正如你将在本书后面看到的，这已经改变了家用计算机的角色。

软件和程序

将图1中所示的所有硬件元素结合在一起的黏合剂是计算机程序。例如，当你使用文字处理器时，你正在执行一个计算机程序，它会感应到你输入的内容，显示在某个屏幕上，并在你退出文字处理器时将其存储在文件存储器中。那么，什么是计算机程序呢？

计算机程序很像食谱。如果你看一本食谱，你会看到配料表和一系列的说明，要求你添加一种配料，混合一组配料，并把一组配料放进烤箱。计算机程序非常类似于此：它指示计算机移动数据，执行算术操作，如将一组数字相加，并将数据从一台计算机传输到另一台计算机（通常使用互联网）。然而，食谱和计算机程序之间有两个非常重要的区别。

第一个区别是大小。一个典型的食谱可能包含大约20行文本，而计算机程序包含数百行、数千行甚至数百万行指令。另一个区别是，即使是一个小错误也可能导致程序的灾难性失败。在食谱中，添加四个鸡蛋而不是三个，可能会导致一顿饭的味道或质地有点奇怪；然而，在一个百万级的程序中，输入数字1而不是2很可能会导致重大错误——甚至会阻止程序运行。

我们有各种各样的编程语言。它们被分为高级语言和低级语言。一种高级语言，如Java或C#，具有被翻译为成百上千条计算机指令的指令。低级语言通常与基本的计算机指令有一一对应的关系，通常用于实现需要对诸如化学反应器温度达到临界等事件做出响应的高效程序。

每隔几天，媒体就会报道一个软件项目超出预算或计算机系统严重失败的故事，却很少会将这些故障归因于硬件故障。失败的发生会有两个原因。现有计算机系统出现故障的第一个原因是技术错误，例如测试中没有检测到的编程错误。第二个原因要归于管理上的失败：超出或显著超过预算的项目往往是由于人为因素而发生的，例如，对即将产生的项目资源估计不合理，或者客户改变了他们对系统应该实现的功能的想法。

我个人的观点是，考虑到现代计算机系统的复杂性，项目延迟和开发人员犯错误是不足为奇的。

本书主旨

本书的第一个主题是，硬件的进步如何使计算机能够运用在十年前闻所未闻的领域。放置计算机处理器的电路片可以很容易地用一只手握住，而不是放在一个大的金属柜里。一个容纳16千兆字节数据的记忆棒可以很容易地挂在一个钥匙环上。摩尔定律表明，计算机处理器的计算能力每两年翻一番。你现在可以花不到60英镑买到500千兆字节的硬盘存储空间。这件事情产生了很多影响。首先，在过去的十年里，计算机已经能够做20世纪90年代很少有人梦想的事情，例如，英国电信的“愿景”项目将电视带到了互联网上。第二，计算机硬件尺寸的减小使它们能够实际应用在几年前根本不可能的环境中。

第二个主题是软件开发人员如何利用硬件的进步来生产新的应用。这方面的一个例子就是像苹果公司iPod这样的MP3播放器。iPod和其他设备，如索尼随身听，显然依赖于硬件的进步。然而，他们也依赖于一种基于软件的技术，当其应用于一个声音文件时，将文件压缩到仅占原始大小的10%，而声音质量没有明显下降。

第三个主题是互联网如何将计算机连接在一起，使它们的表现就像一台大型计算机一样。这体现在一个被称为“云计算”的理念中，即数据并非存储在一个本地数据库，而是存储在连接到互联网的许多计算机中，可以由具有相对低级编程技能的互联网用户开发的程序访问。

与这一想法相结合的是互联网作为计算机用户可以利用的巨大数据资源。这包括由英国政府和美国政府的数据官网项目发布的数据，也包括由互联网用户直接或间接提供的数据。例如，有些网站可以让你回到你的城镇或乡村，并检查你的邻居正在体验的宽带速度，这些网站包含的数据是由该网站的用户提供的。

第四个主题是互联网如何提供了只有专业人士才能使用的创意设施。例如，计算机硬件的进步、软件的进步，以及用于制作摄像机的技术的进步，意味着任何人都可以成为电影导演，并在互联网上展示他们的成果。计算机用户现在只要花不到1000美元购买硬件和软件，就能够重现20世纪90年代录音棚的效果。

第五个主题是计算机处理器硬件的进步如何使数字处理应用成为可能，直到几年前，这些应用还被认为是计算领域之外的。摩尔定律表明，计算机处理器的性能每过十八个月就能提高一倍。这样做的结果是，在过去的十年里，处理器变得比以前强大了很多倍，再加上其他硬件的改进，比如数据存储设备速度的提高，这些意味着，诸如涉及飓风等自然世界的模拟，现在可以很容易地进行，而不需要配置强大的超级计算机。

第六个主题是计算机如何成为一种颠覆性技术，因为它既改变了许多技能，也消除了许多技能。这里的一个例子就是摄影。当我参观一个旅游景点时，我几乎从未看到有人使用胶片相机；手掌大小的小型数码相机几乎是现在的标配。此外，拍摄的照片可以放在记忆棒中带回家，放在家用电脑中，然后打印出来。相对便宜的程序，如奥多比公司的图片处理软件，现在可以通过调整曝光等方式来改善这些照片。

冲洗照片不再需要在暗房里把胶卷浸入化学溶液中。这显然是一种改进；然而，事情也有另一面，那就是摄影师的工作机会减少了。有一个网站叫“网络相簿”（Flickr）。这是互联网用户上传照片并展示给访问者的照片共享网站。报纸编辑如果想为每期报纸购买廉价的库存照片（例如，为圣诞版购买一张知更鸟的照片），他们只需支付给自由摄影师一小笔费用。

第七个主题是不安全的计算机。一台没有连接到网络的独立计算机是完全安全的，不会受到任何技术攻击；计算机所有者应注意的唯一威胁是它可能被盗。然而，很少有计算机处于这种状态：大多数计算机都连接到互联网上。这意味着它们容易受到各种各样的攻击，从那些产生轻微公害效应的攻击，到可以完全停止计算机工作的严重攻击。这方面的一个例子就是僵尸计算机。它是指一台连接到互联网的计算机，已经被黑客、计算机病毒或特洛伊木马入侵。

僵尸计算机最常见的用途是充当邮件服务器，发送垃圾邮件；这类电子邮件试图向你出售一些你不需要的东西（比如万艾可、廉价股票或色情出版物），或者试图窃取你的银行账户身份等信息。大多数此类计算机的所有者，并不知道他们的系统正以这种方式被使用。这是因为主人往往并没有意识到他们被称为“僵尸”。2009年5月，安全公司“迈克菲”（McAfee）估计大约有1200万个新的僵尸计算机连接到互联网上。对于计算机入侵来说，这是一个相当惊人的数字。

一些例子

在深入研究这些主题之前，我们有必要先看看这些主题的一些实际例子。

挪威国家石油公司使用蓝色贻贝来监测石油钻井平台周围的任何泄漏。当漏油发生时，贻贝的壳会收缩。考虑到石油钻探过程中泄漏对环境和收入的影响，挪威国家石油公司寻求一种方法来取代需要潜水器和深海潜水员参与的手工作业。他们所做的就是把射频识别（RFID）标签贴在蓝色贻贝的贝壳上。这是一种小型的硅基数据存储芯片，其中包含了一台计算机。当蓝色贻贝感觉到漏油时，它们就会收缩；这使得射频识别标签发出信号，表明该事件已经发生；这些信号被钻井平台上的计算机接收，然后停止导致泄漏的活动。例如，如果正在钻井，钻井线将自动停止。这种不同寻常的应用可能是计算机电路小型化进步的成果。

谷歌公司是广受欢迎的搜索引擎运营商。搜索引擎所做的事情之一是存储用户的查询，例如，您可以访问谷歌网站，并发现哪些是最受欢迎的查询。2008年，英国搜索量增长最快的是：“iPlayer”、“facebook”、“iphone”、“youtube”、“yahoo mail”、“large hadron collider”、“Obama”和“friv”。这些术语大多与大受欢迎的网站或像iPhone这样的电子设备有关。最后一个词条“friv”是一个在线游戏网站。

稍后你将看到，从用户提交给搜索引擎的查询中可以获得大量信息。现在，警方调查人员通常会调查谋杀嫌疑人使用搜索引擎的情况。在谋杀案中，受害者的脖子如果被打断，他们就会检查诸如“脖子”、“绷断”、“折断”、“尸僵”和“尸体腐烂”等搜索词，这些词是凶手可能提交给搜索引擎的。

谷歌保存的用于查询的海量存储数据的一个有趣应用是跟踪流感病毒。两位谷歌工程师跟踪了诸如“温度计”、“流感症状”、“肌肉疼痛”和“胸部充血”等问题的发生率，并将查询这些问题的互联网用户的位置与美国疾病控制中心的数据库进行比较，发现了非常密切的相关性：实际上，他们发现涉及搜索词的查询量与流感病例的密度相似。你现在可以访问谷歌公司管理的一个网站，该网站显示了一段时间以来一些国家流感病例的增长。

这是本书关键主题的一个例子：计算机不仅可以访问自己硬盘驱动器上的数据，还可以访问存储在互联网计算机上的大量数据。

计算机应用的另一个例子超越了20世纪70年代和80年代的局限，涉及将计算机连接在一起以便协同工作的方式。

过去的二十年里，应用科学领域的研究人员一直试图从他们的计算机中获取处理能力。例如，人类基因组计划已经绘制出人类的基因结构，研究人员现在正利用这些信息来检测多种疾病的遗传原因。这项工作需要使用包含大量处理器的昂贵的超级计算机。然而，这一领域以及气候学等其他领域的一些研究人员则提出了一个新颖的想法，即邀请公众运行处理器密集型程序。

一个很好的例子是Folding@home。这个项目是观察蛋白质的结构，以检测治疗方案，可用于治疗阿尔茨海默病等疾病的患者。参与这个项目的研究人员已经招募了大约三万台家用电脑来分担计算负荷。志愿者们使用他们的备用处理器和存储容量来获取一个计算机程序的一小部分，让该程序得以进行蛋白质模拟，并将产生的结果反馈给协调处理过程的主计算机。

这并不是所谓的“大规模计算”或“大规模协作”技术的唯一应用。有些项目试图分析来自外太空的无线电波，以发现在我们的宇宙之外是否有智能生命，有些项目模拟原子和亚原子过程，还有许多项目与分子生物学有关。在过去，包含大量处理器的超级计算机仅供少量研究机构使用——实际上仍在被使用——然而，硬件进步和日益普及的宽带互联网意味着，我们都可以参与重大研究项目，而且对我们的家用计算机几乎没有影响。

“Wordia”是一个任何人都可以通过家用计算机访问的在线视觉词典。它当然包含单词，但每个单词都伴有一段视频，有人会告诉你这个单词对他们来说意味着什么。这是我遇到的最令人愉快的网站之一，也是所谓的大规模合作现象的一个例子。这是一个应用的例子，与本书的一个关键主题有关：计算机是松散耦合的全球计算机的一部分。

另一个例子涉及计算机电路的构造。当工程师们试图把越来越多的电子元件挤到硅晶片上时，这种芯片的设计就变得越来越困难；例如，把两个金属连接点放在一起会引起电气干扰，从而导致电路故障。考虑到数以百万计这样的电路可能被制造并嵌入到计算机中，一个错误对制造商来说将是非常昂贵的。设计的复杂性是如此之高，以至开发硅基电路结构的唯一可行方法就是使用计算机本身。

用来设计计算机电路的程序试图优化某些设计参数；例如，有一类程序试图挤压硅晶片上的连接，其方式是按照以下几个约束条件存储最大连接数：连接之间不要太近，电路的散热不会超过某个阈值，这会影响电路的可靠性。这里有许多用于优化的技术；最近有一类非常有效的程序是基于动物和昆虫的行为。

这方面的一个例子是一种被称作“群优化”的技术，在这种技术中，多个计算机进程相互协作，利用描述鱼群或鸟群行为的简单数学来发现问题的最佳解决方案。这是本书另一个主题的一个例子：程序员的聪明才智与大幅提升的速度相结合，使复杂的任务得以完成，这些任务在几年前甚至是无法想象的。

群优化是过去二十年中计算机应用革命的一个例子：它是由计算机的发展所代表的，从只是执行普通的处理步骤，如计算工资单的应用，到诸如设计计算机和控制内在不稳定的战斗机——这些已经成为我们军队的规范。

到目前为止，我主要关注的是计算机及其可见的用途。还有很多应用是看不到计算机的。离我最近的城市是米尔顿凯恩斯。当我开车去城市，然后绕着它非常实用的道路系统，我见识到了很多看不见的计算机应用。我经过一个由微型处理器控制的测速摄像机；一家利用计算机控制的机器人制造电子设备的公司；街灯由一台非常小的、原始的计算机控制；米尔顿凯恩斯医院使用的大多数监控设备没有嵌入式计算机就无法工作；还有购物中心，在那里，用计算机来保持每个商店环境的严格控制。

越来越多的计算机被用于隐藏的应用，在这些应用中，无论是硬件故障还是软件故障都可能是灾难性的，而且确实是灾难性的。例如，25号医用直线加速器是一台基于计算机的放射治疗机，它有许多软件问题。在20世纪80年代末，由于计算机接口的问题，许多病人接受了大量的过度辐射。

一个隐藏应用的例子，其失败可能是灾难性的，它是另一个有关控制石油钻机主题的例子。一个运转中的石油钻井平台将极度易燃的石油或天然气从地下抽出，烧掉其中一些，并从石油中提取出无用的副产品，如硫化氢气体。在海洋设备中，这需要大量的人工操作人员。然而，越来越多的计算机被用于执行诸如控制石油或天然气的流动，检查是否有泄漏，以及调节燃烧过程等任务。

例如，曾经有信息技术人员入侵用于监控石油钻井平台操作的软件系统，或者是为了经济利益，或者是因为他们变得不满。人们没有认识到的是，尽管诸如传播病毒之类的计算机犯罪仍然普遍存在，但还有许多计算机应用也同样容易受到攻击。挪威智库辛泰夫集团报告称，海上石油钻井平台非常容易受到黑客攻击，因为它们转向了劳动密集程度较低、由计算机控制的操作——例如，用于远程监控钻机操作和通过卫星导航技术保持钻机位置的无线连接尤其脆弱。

本　书

本书的每一章都围绕着我在本章中概述的一个主题展开。

“小型计算机”将描述计算机体系结构是如何映射到硅晶片上的，以及计算机设计师在将越来越多的电子元件放到一块硅晶片上时必须面对的问题。这里和其他章节将要讨论的主题包括：超大规模的集成、硅制造、硬件设计过程及设计的新技巧和科技，比如使用人工智能程序最大化或最小化散热等因素。

“无处不在的计算机”将描述微型化如何使得计算机嵌入各种电子和机械设备。本章和其他章节讨论的例子包括：射频识别标签、超市会员卡的使用、用于监控年老体弱者的计算机、可穿戴计算机、虚拟现实系统中的计算机，以及手机、MP3播放器和计算机之间的融合。

“全球计算机”将着眼于互联网是如何使大量的计算机连接在一起，从而用来解决棘手问题，也就是那些在计算上很难解决的问题。这一章首先考察基因组测序的一个特殊的计算应用。然后，我将描述一个被称为网格计算的概念，在这个概念中，大量的计算机以某种方式连接在一起，以便它们的闲置能力可以用来解决这些困难的问题。本章的结尾将展望第七章，并简要描述网格概念是如何商业化到云计算的。这涉及将互联网视为一台拥有几乎无限计算能力和数据存储设施的巨大计算机。

“不安全的计算机”着眼于一些可能导致重大安全问题的威胁，包括技术和人的威胁。本章将涵盖攻击的完整图景，包括病毒攻击、木马攻击、拒绝服务攻击、欺骗攻击，以及那些由人为错误引起的攻击。本章将介绍可以使用的防御，包括防火墙、入侵探测器、病毒检查器和安全标准的使用。我的一个观点是，技术防御是不够的，它必须与传统的安全控制相结合。

“破坏性计算机”描述了计算机是如何产生重大破坏性影响的。大多数例子都描述了计算机和互联网中使用的通信技术相结合所造成的破坏。它将考察媒体行业，例如报纸，在过去的五年里是如何衰退的，以及网络广告是如何蚕食电视公司收入的。本章的结语部分将考察一些领域，在这些领域，计算机已经在去技能化，转化、改变或消除了某些工作。

“云计算机”描述了互联网是如何使开发人员和中等技能个

人把这个网络当作一台大型计算机来对待的。许多公司（如亚马逊）都提供了对巨大产品数据库和编程设施的公共访问渠道，这样就可以开发跨多个领域的应用程序。这就引出了云计算机的概念：通过互联网连接的大量处理器和数据库，其软件接口任何人都可以使用。这一章介绍了软件混搭的思想：在这个过程中，复杂的应用程序可以通过集成或“混搭”组块既有软件来构建。

“下一代计算机”是一个相对较短的章节。它着眼于研究人员正在进行的一些“蓝天工程”，试图克服硅的局限性。它将专注于量子计算和生物计算。量子计算机是一种利用量子效应（如量子纠缠）对数据进行操作的计算机。虽然现在还为时尚早，但理论研究和一些早期实验已经表明，量子计算机有可能大幅提高处理速度。

这种计算机的影响可能是毁灭性的。举例来说，许多商业计算都依靠密码科技，而这些技术都有赖于某些经典数字处理算法的巨大计算复杂度。量子计算机也许能够使这些算法变得可解，从而使互联网易受到攻击。

这一章还将描述DNA计算机背后的原理。这是当前计算机技术和量子计算机之间的一个中转站。DNA计算机利用生物链的遗传特性来提供非常大的并行处理工具。DNA计算机有效地实现了大量的硬件处理器，这些硬件处理器通过相互协作来解决困难的计算问题。

我希望在第四章和第七章中向你们传达的一个主要观点是，把计算机仅仅看作放在你桌子上的盒子，或者是嵌入诸如微波之类的设备中的一块硅，这只是一个片面的观点。互联网——或者更确切地说，宽带接入互联网——创造了一台巨大的计算机，可以无限制地使用计算机的能力和存储空间，甚至我们都认为永远不会从个人电脑迁移出去的各种应用也在这样做。

这方面的一个例子就是办公功能的迁移，如文字处理和电子表格处理——这是许多家用电脑的主要功能。谷歌公司已经推出了一套名为谷歌应用的办公工具。这些工具与微软办公软件中的工具类似，包括文字处理程序、电子表格处理程序以及类似于幻灯片的演示包等。

第二章

小型计算机

引　言

在过去的三十年里，计算机在处理速度、存储容量、成本和物理尺寸方面都有了惊人的进步。处理器的能力已经从20世纪70年代早期的90 kIPS提高到21世纪第二个十年的数千MIPS。处理器的速度用每秒指令数（IPS）表示，每秒指令数是计算机执行的某个动作，例如将两个数字相加；前缀“k”代表一千，而前缀“M”代表一百万。

存储容量也有所增加：我在前一章中描述过的埃利奥特 803型计算机的存储容量为128千字节，放在一个有十二个棺材大小的柜子里：我的iPod存储容量为16千兆字节。

这种速度和存储容量的增长是如何发生的？在本章，我将回答这个问题；然而，在这样做之前，有必要简要地看看数据和计算机程序是如何保存在计算机中的。

二进制数制

我们都习惯用十进制记数系统。当你看到一个数字，如

69 126，它所代表的就是这个数字

$$6 \times 10^4 + 9 \times 10^3 + 1 \times 10^2 + 2 \times 10^1 + 6 \times 10^0$$

其中，每个数字表示自身乘以10的幂的结果（任何1次幂的数字，例如10^1，总是其本身，在本例中是10，任何0次幂的数字总是1）。

我们说一个十进制数的基数是10；这意味着我们可以用0到9之间的数字来表示任何十进制数。对于二进制数，基数是2；这意味着我们可以将二进制数如11011解释为

$$1 \times 2^4 + 1 \times 2^3 + 0 \times 2^2 + 1 \times 2^1 + 1 \times 2^0$$

它的十进制值是27（16 + 8 + 0 + 2 + 1）

数字就是这样以二进制形式存储的。文本也以这种形式存储，因为文本中的每个字符都有一个内部等效的数字。例如，美国信息交换标准代码（ASCII）是一种用于在整个计算过程中指定字符的标准。该代码为每个可以被计算机存储或处理的字符分配一个数字值——例如，A字符用等效于十进制数字65的二进制模式表示。

二进制系统也被用来表示程序。例如，

1001001110110110

可能表示将两个数字相加并将它们放在某个存储位置的指令。

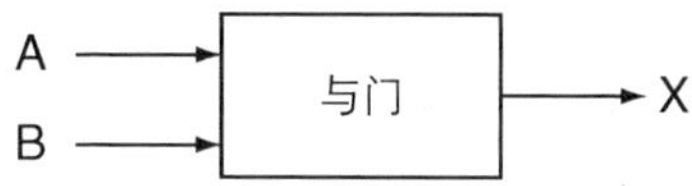

图2　与门的示意图

计算机硬件

计算机由若干个电子电路组成。最重要的是处理器：它执行包含在计算机程序中的指令。正如你在前一章中所记得的，有两种类型的存储器：用于存储相对少量数据的主存储器和用于存储大量数据（如字处理器文件）的文件存储器。

在计算机中还会有许多其他的电子电路：例如，如果你看一个台式机的背面，你会经常看到一个连接在金属条上的黑杆。杆子里有天线，可以从连接到互联网的调制解调器上接收无线信号。在金属条的后面是一个电路，它可以将天线接收到的信号转换成计算机可以使用的形式，例如，它可以在你的显示器上显示一个网页。

计算机由许多独立的电路元件组成。成千上万个这样的元件组合在一起，就构成了计算机处理器和其他电路。一个基本元素被称为与门，如图2所示。这是一个电路，有两个二进制输入A和B和一个二进制输出X。如果两个输入都是1，则输出为1，否则输出为0。它以一个表格形式来展示，这样的表格被称为真值表；图2与门的真值表如表1所示。

计算机内部有许多不同的电路——与门只是一个例子——当需要做一些动作时，例如将两个数字相加，它们就会相互作用

表1　与门的真值表

A	B	X
0	0	0
0	1	0
1	0	0
1	1	1

来完成这个动作。在加法的情况下，对两个二进制数逐位处理来进行加法。

那么，计算机是如何工作的呢？描述这一点的最佳方式，就是概述当我使用文字处理器时发生了什么。当我点击桌面上的MS Word图标时，视窗操作系统会感应到点击，然后将MS Word文字处理器加载到电脑的主存储器中。

然后程序开始执行。每当我执行一些动作时，文字处理程序就会感知到它，并执行它的部分程序代码。执行在所谓的读取-执行循环中进行。在这里，处理器读取每条编程指令，并执行指令告诉它做的事情。例如，一条指令可能会告诉计算机把我输入的内容存储到一个文件中，它可能会把一些文本插入到经过文字处理的文档的某些部分中，或者它可能退出文字处理程序。

无论程序（如字处理器）执行什么操作，循环都是一样的；一条指令被读入处理器，处理器解码该指令，对其进行操作，然后引入下一条指令。

因此，计算机的核心是一系列的电路和存储元件，它们可以读取和执行指令，并存储数据和程序。在过去的七十年里，各种技术被用于建造计算机。第一批计算机是基于电气继电器的。这些都是机械开关，它有两种状态：二进制1由继电器关闭表示，而0由继电器打开表示。当你听到一个计算机程序员谈论他们程序中的一个“bug”时，这个术语就来自中继计算机的使用。1946年，计算机编程的先驱之一格雷丝·霍珀加入了哈佛大学的计算实验室，在那里她从事早期的中继计算机的研究。她描述了如何由一个程序错误追踪到一只被困在继电器中的飞蛾，从而产生了描述软件错误的“bug”一词。

第一代真正的计算机使用了基于阀门设备的电子电路。这些看起来有点像小灯泡，它们可以接收一个发送到阀门的信号，通过电子方式从0（关）状态切换到1（开）状态。程序员使用纸带或穿孔卡与这些计算机进行通信，这些卡保存了待处理的数据或正在进行处理的程序。

在早期计算机中的主存储器使用了被称为磁芯的圆形磁性材料。这些存储的二进制1或二进制0取决于它们的磁化状态。

第一代计算机被使用晶体管的第二代计算机所取代。晶体管是一块可以打开和关闭的硅；我在前一章中描述的埃利奥特计算机就依赖于这种技术。

从20世纪60年代末至70年代初，物理学家、材料科学家和电子工程师设法将第二代计算机中由晶体管实现的电路沉积到硅晶片上。这个过程在小型计算机中被称为超大规模集成电路（VLSI）。这些第三代计算机就是我们今天使用的计算机。正是超大规模集成电路技术为今天的计算机提供了令人难以置信的小型化、速度和容量。以元件间宽度为代表的小型化，已经从20世纪90年代初的1.00微米左右下降到21世纪初的40纳米。一微米相当于一米的百万分之一，而一纳米相当于一微米的千分之一。

计算机电路

现代计算机硬件依赖于硅。要将一块硅转换成处理器或接口电路（如用于驱动计算机显示器的接口电路），需要经过许多制造步骤。

第一步是单晶硅生长成为晶棒。当晶棒生长完成后，被称为“晶圆”的圆形薄片就可以从晶棒上切下来，就像你从一筒午餐肉上切薄片一样，唯一的区别是薄片通常比肉片薄一些。切片切好后，再进行抛光。

下一步是在每个硅晶片上嵌入要实现的电路的设计。这是通过一种被称为掩模版的设备来实现的，其将在晶圆上展示电路图案和电路元件的网格。紫外光通过栅极照射到晶圆的一部分上，这就形成了要沉积在晶圆上的电路的指南。通常，在硅晶片上蚀刻许多类似的电路图。

具体的制作过程如下。首先，硅晶片在充满氧气的烤箱中烘烤。这在表面形成了一层薄薄的二氧化硅。然后，再在晶圆上涂上一层被称为抗蚀剂的薄有机材料。于是，我们现在有一个硅基，通常被称为衬底，一个二氧化硅层，以及顶部的抗蚀层。

然后，紫外光通过掩模版照射到晶圆的一部分上。抗蚀层的结构被光破坏，但其余层不受影响。这个过程非常类似于黑白照片的冲洗方法。一旦光照射到晶圆的一部分上，掩模版就会移动，晶圆的下一部分就会被蚀刻图案。

下一阶段是晶圆的制造。这需要把它和许多其他晶圆放在溶剂中，溶剂会溶解已接收到紫外光的抗蚀层部分。

晶圆现在有一层硅，一层二氧化硅，以及抗蚀层中不受紫外光影响的部分。被溶剂除去的那部分晶圆将暴露出二氧化硅的部分。然后，通过使用另一种溶剂将这些移除，以使底层的硅暴露出来。

现在硅晶片将包含一层暴露的硅部件；二氧化硅层，它将有部分被切掉，以暴露出硅；以及与二氧化硅相同的部分被切割的抗蚀层。

下一步是使用一种溶剂来溶解它以去除抗蚀层。晶圆现在包含一个基层的硅与蚀刻的电路图案。然后，对硅层的暴露部分进行处理，以使其能够传导电信号。晶圆现在已经处理了代表电路的硅和作为小型绝缘体的新二氧化硅，以确保通过硅的一部分信号不会影响其他信号路径。

然后再沉积一层，以完成电路的最后一层二氧化硅层。这上面蚀刻了孔，以便能与基础电路连接。

封装电路的过程现在开始了。封装技术有很多种。我将描述最简单的。首先，在每条电路的边缘沉积方形金属接头，称为衬垫。然后将另一层二氧化硅放置在晶圆上，在该层上蚀刻小孔，以便与焊盘连接。

然后，每个电路由一个特殊用途的电子设备进行测试，该设备将与焊盘接合，并向一些焊盘发送信号，监测信号对其他焊盘的影响。任何测试失败的电路都会被标记上染料，最终被拒绝。如果电路通过测试，另一层二氧化硅或氮化硅被放置在电路上，并在这一层与衬垫形成连接孔。这最后一层起到了物理保护的作用。

最后一步是从硅晶片上切割出每个电路。这是通过机械刀具实现的；这在概念上类似于玻璃匠将玻璃切割出一种形状的方式。晶圆现在已经变成了一组相同的芯片。

最后一步是将每个芯片安装在某种框架中，以便能够装入计算机。有各种各样的技术可以做到这一点。一个简单的方法是使用一种黏合剂将芯片粘在引线框架上，这种黏合剂有助于将芯片上的热量传导出去，然后将信号线放在芯片上，与芯片上的衬垫连接。在电线添加进去之后，芯片就会被一些塑料材料覆盖，作为最后的保护。

如果你对更多的细节感兴趣，那么克莱夫·马克斯菲尔德所著的《电子学非传统指南》是一本很好的介绍计算机电子学的书。

计算机存储器

有两种类型的存储设备：只读存储（ROM）设备和读写存储（RWM）设备。前者保存不能更改的数据；后者可以擦除和重写数据。

计算机存储器是以硅的形式实现的，其制造方法与硬件处理器和其他电路的制造方法相同。计算机存储器与互联网或处理器通信电路之间的唯一区别是，前者有一个规则的结构。

图3显示了典型的存储器布局。它由一组晶体管组成。每个单元格可以包含一个0或一个1。每个水平的单元格集合被称为一个词，数组的深度则是指数组的嵌套层级。

一个称为地址总线的电路被连接到阵列上。数组中的每个词都有一个唯一的标识，即它的地址。当计算机的处理器需要来自存储器的数据或程序指令时，信号沿着总线发送；它指示存储单元对地址进行解码，并使数据或程序指令在处理器指定的位置可用。

可用的存储设备有很多种。掩码编程的ROM在制造时将其数据或程序放入其中，不能更改。可编程只读存储器，通常称为PROM，它们是空白的，然后可以用电子设备编程。然而，由于它们是只读的，所以这只能发生一次——它们不能被重新编程。

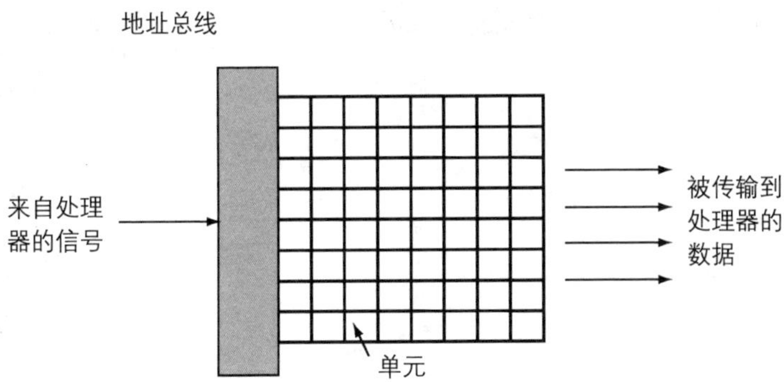

图3　计算机存储器

可擦可编程只读存储器，通常称为EPROM，比PROM更进一步，它可以擦除然后重新编程。关于EPROM存在着一些困惑：由于它们可以被重新编程，所以人们认为，当它们在计算机中时，它们的内容是可以通过覆盖来改变的。覆盖只能通过已插入EPROM的专用设备来实现。

电可擦可编程只读存储器（简称EEPROM）的发展，是连接只读存储器和可写存储器世界的重要一步。这是EPROM的一种形式，当它成为计算机的一部分时可以被擦除。利用与EEPROM相关的思想和技术，一种被称为闪存的技术得以开发出来。

闪存技术在需要大量不可擦除存储器的应用中被采用。例如，它被用于USB记忆棒，用来将数据从一台计算机传输到另一

图4　硬盘单元

台计算机，或者作为备份存储，以防计算机崩溃。其他使用闪存技术的应用包括个人数字助理、笔记本电脑、数字音频播放器、数码相机和移动电话。被称为上网本的新一代小型笔记本电脑，就使用闪存存储程序和数据文件。

可写存储器是使用许多技术来实现的。动态随机存取存储器（DRAM）是计算机中最常用的存储器。它的实现方式可能会在短时间内丢失数据。因此，DRAM单元的内容被不断地读取和写入，以便恢复其数据。

静态随机存取存储器（SRAM）是这样一种技术，它不需要刷新以应用到它的单元，除非一个程序改变了单元，或者电源从安装它的计算机中被移除。它比动态随机存取存储器更快，但也更为昂贵。

文件存储技术

到目前为止，我所描述的技术通常用于相对较小的数据量（这是微型化和制造技术进步的显著结果，我可以将8千兆字节称为“相对较小”）。对于大量的数据和程序，则使用一种不同的、速度慢得多的技术。这就是所谓的硬盘技术。

本质上，硬盘单元由一个或多个可磁化的圆形金属盘组成。每个磁盘有大量的可磁化区域，根据磁化程度可以表示0或1。圆盘在高速旋转。该单元还包含一个或多个臂，可以横向移动，可以感知磁盘上的磁模式。硬盘单元的内部如图4所示；在这里，可以清楚地看到靠近圆盘边缘的臂。

当处理器需要一些存储在硬盘上的数据时，比如一个字处理器文件，然后它发出一个指令来查找该文件。操作系统——控制计算机的软件——将知道文件的起始和结束位置，并将向硬盘发送消息来读取数据。该臂将横向移动，直到文件的起始位置之上为止，当旋转磁盘在该臂下通过时，表示文件中保存的数据的磁模式被它读取。

访问硬盘上的数据是一个机械过程，通常只需要几毫秒的时间。与计算机本身的电子速度（通常以微秒为单位测量）相比，这个速度慢得令人难以置信。

由于磁盘访问速度较慢，系统设计人员试图尽量减少文件所需的访问量。一种特别有效的技术被称为缓存。例如，它可以用于网络服务器。这些服务器存储发送到浏览器以显示的网页。如果你观察与一个网站相关的网页访问模式，你会发现有些网页被检索得非常频繁——例如主页——而有些网页被访问得很少。缓存包括将频繁访问的网页放置在一些快速存储介质中，如闪存，并将其余网页保存在硬盘上。

克服硬盘访问速度慢的另一个方法是，用闪存等电子存储介质完全取代硬盘。目前，这类技术的存储容量和成本还没有接近硬盘单元：通常闪存可以买到64千兆字节，同样的价格你可以买到500千兆字节的硬盘。然而，对于某些类型的计算机，其存储需求适中，电子存储器用于大量文件存储现在是可行的。例如，一些计算机的特点是电子存储介质的大容量存储，而不是硬盘。这种计算机包含低功耗的处理器，而这种存储器的使用补偿了这一点。

未来的技术

在过去的三十年里，小型化取得了惊人的进展。然而，有些性能和规模将很快达到瓶颈。例如，当你把越来越多的组件封装到一个硅晶片上时，它们变得更容易出错，因为产生了随机信号；另一个问题是，一种被称为亚原子侵蚀的现象开始出现，破坏了硅的结构。高度小型化的电路也会出现设计问题。

在最后一章，我将讨论两个激进的想法，如果成功的话，它们将改变计算。这包括在电路中使用生物材料，以及在处理器开发中运用量子物理思想；这需要非常长期的研究。然而，目前正在研究和开发的是用于计算机电路的其他低水平技术和材料。它们包括使用光刻技术来生产更快的组件，组件之间使用光学连接，用碳取代硅，以及在计算机电路中使用超导材料。

第三章

无处不在的计算机

四个别出心裁的例子

几年前，我把车提前停在了米尔顿凯恩斯，等着使用自动售票机时，我注意到前一位顾客是停车场服务员。我问他，如果他不得不把车停在米尔顿凯恩斯，他的工作成本是不是太高了，他是否得到了员工折扣。他告诉我，他拿停车票的原因不是把它贴在汽车的挡风玻璃上，而是作为他在指定时间开始工作的证据——他实际上是把这台机器当作一个时钟。

在《咖啡机里的间谍》一书中，奈杰尔·沙德博尔特和吉隆·奥哈拉描述了计算机在日本的一种创新应用。日本人有一个主要的问题是老龄化趋势：该国的出生率是世界上最低的国家之一，而且不鼓励移民。因此，日本的人口正在迅速老龄化，照顾老人的需求也在增加。实现这一目标的一种方式是通过基于计算机的设备。其中之一就是iPot。这是一种可以让咖啡或汤全天保温的水壶。每当使用iPot时，其就会向服务器发送一条消息，每天两次，使用频率的报告通过手机短信或邮件发送给亲属或看护者，让他们知道那些被照顾的人都很健康。

日本电气公司开发了一种新型眼镜，可以将信息投射到用户的视网膜上。这种设备有多种用途，其中的两个例子是，帮助在呼叫中心使用计算机的员工，以及当用两种不同语言进行对话时提供实时翻译。（正如你将在第七章中看到的，计算机语言翻译已经发展到可以获得相当不错结果的地步，所以这并不是一个真正的科幻应用的例子。）

荷兰皇家德克兹瓦格公司开发了一个系统，可以实时跟踪全球船舶的航行。它使用一种基于卫星的技术来实时跟踪船舶的位置。它使得船舶可被引导到有空间的港口，减少了船舶等待泊位的时间，并减少了船舶所需的燃料量。

所有这些例子都来自计算机微型化和制造成本降低相结合的独创性，我在第二章中详细介绍了这一点。除非你是一个隐士，否则它们只是你在一天中遇到各种各样计算机的小快照。

在写这本书的时候，我在我的村庄周围散步了大约四十分钟：我发现这让我的头脑清醒，给了我思考的时间。其中一条是在我家附近一条僻静的乡间小路。8月的时候，我沿着这条小路散步，试着思考不接触计算机的情况；我开始认为这次散步是为数不多的例子之一。事实并非如此：当我走过树篱的缝隙时，我注意到远处有一台联合收割机在工作。这种收割机使用精密的计算机控制来调节收割机的前进速度，并保持脱粒滚筒的转速不变：这是一件相当棘手的事情，电气工程部门的研究人员仍在努力开发技术，以优化脱粒效率。也许假使我住在南极？即使在那里，也很难摆脱计算机：科学家们使用计算机标签来追踪企鹅的活动。

有一点是明确的，无论我们走到哪里，我们都会与计算机接触，它们越来越多地改变了我们的生活。例如，加州大学圣迭戈分校的研究人员最近进行的一项研究估计，每天传递给我们的信息量大约相当于10万个单词的文本。在本章中，我将探讨这种信息超载如何影响科学家，探讨在医疗保健中计算机无处不在的一些积极方面，并指出一些与隐私和保密相关的问题。

计算机无处不在

有一些趋势已经把计算机从个人电脑中解放出来。首先是电子元件的日益小型化——不仅仅是硬件处理器和存储器，还有通信电路和用于信号监测的电路。其次是计算机之间无线通信技术的发展。第三，也是经常被忽视的一点，是电子电路的坚固性增加了：我的手机掉了很多次，但它仍然能用。

坚固性意味着计算机可以安装在几乎任何地方，即使在最极端的条件下也能正常工作；例如，气候变化研究人员已经在货船和油轮上安装了基于计算机的测量仪器，以便在它们航行的过程中测量海洋的温度——这些计算机会受到海浪的冲击，必须经历温度的重大变化，还会受到引擎振动的影响，但仍能正常工作。

计算机无处不在：iPod、移动电话、安全系统、汽车导航设备、自动取款机、汽车电子电路等。这有三层主要的含义。第一层含义是，它启发了一门新的环境信息学学科，在这门学科中，数据可以在任何时间和任何地点获得。

第二层含义是，因为这些数据是由我们在世界上正常的交互产生的，例如通过访问商店感官计算机设备，我们可能会携带或将设备嵌入一副眼镜，或者通过使用智能卫星导航系统开车去一些目的地，这对隐私和安全有重大影响。

第三个含义是关于交互的方式。我以一种人为的方式与我的个人电脑互动，在这种方式中，我总是意识到有一种互动形式正在进行。普适计算所涉及的交互在某种意义上是自然的，因为它不引人注目。这里有一个例子。普适计算的第一个应用是与物理安全相关的，它涉及将计算机嵌入一个名为"活动标识"的身份标识中。计算机发出的信号被建筑物内的监测点接收，并向员工提供有关同事或访客所在位置的信息。佩戴一个电子识别卡是不引人注目的：你不会感觉到正在发射的无线信号。它还不如你偶尔意识到的心跳那么突兀。

为了研究其中的一些含义，我们有必要将重点放在一种成熟且廉价的环境技术上，这种技术有许多工作应用。

射频识别

射频识别技术，或者更为人们所熟知的简称RFID，涉及将一个小的——它们可以非常小（布里斯托尔大学的研究人员已经将射频识别设备连接到蚂蚁身上）——电子设备连接到物体或人身上。射频识别设备，即标签，发出的无线电波可以被一台装有无线电接收器的计算机接收。射频识别标签最初用于库存控制，零售商（如超市）将其附在库存商品上，以跟踪销售和库存水平。

这些标签现在零售价为几便士，它们的使用已经从库存控制领域转移。例如，射频识别标签在医院被用于追踪可能急需的设备；它们可以附在年幼的婴儿或患有痴呆症的患者，以便发现其当前的位置；它们可以用作医疗信息的存储库，即当病人进入医院时，给他们一个附在腕带上的标签，这样的话，当他们参加一些医疗检测时，检测数据可以立即下载到标签上；它们可以用来为田径等运动的参与者计时；它们代表着一种潜在的技术，可以应用于智能交通管理系统中，它们可以附在汽车上。

显然，射频识别标签有很大的潜力，但也有缺点，即隐私问题。由于产品上的射频识别标签在购买后仍可使用，而且可以用于监视和其他用途，因此曾有多起抵制射频识别产品的事件。加利福尼亚州参议员黛布拉·鲍恩在一次隐私听证会上表达了一种典型的担忧：

> 比如说，如果有一天你发现你的内裤在报告你的行踪，你会怎么想？

显然，附在食品包装上的射频识别标签不会带来什么隐私担忧：当食品被吃掉时，包装通常会被处理掉。然而，附在移动电话、MP3播放器等设备和其他物品（如衣服）上的标签，以及位于购物中心、收费公路和其他公共场所的无线阅读器，则为监控社会提供了技术基础。

然而，当一件物品被带到维修店时，这样的标签可能非常有用。有一个解决这一问题和隐私担忧的建议是，当物品被购买时，包含射频识别标签的一部分可以撕掉，而留下基本数据，只能由一个手持阅读器读取，并且只在几厘米之内有效。

此外，人们还对可植入人体的射频识别标签的潜在用途表达了隐私担忧。一家名为“绝对芯片”（Verichip）的公司开发了一种射频识别标签，可以通过手术植入人体。这种芯片得到了美国食品和药物管理局的批准。显然，这种类型的标签有一些应用，例如持续监测重要功能，如血压；然而，它的广泛使用也引发了有关隐私的问题。

射频识别技术代表了最先进的普适计算思想的有效运用。然而，还有许多其他的技术几乎同样先进，或者已经有所超越；其中一些值得一看。

健　康

21世纪的主要趋势之一是出现了越来越多的集成，计算机在硬件之间扮演着数据处理器和同步器的角色。这方面最好的例子就是iPhone，它集移动电话、个人记事本、MP3播放器和上网设备于一体。

在《纽约时报》（2009年11月5日）的一篇文章中，专栏作家戴维·博格描述了他如何被要求在泰德医学会议上就苹果手机的医疗应用程序做十八分钟的演讲。泰德会议的组织方是一家非营利性组织，其主要目的是传播思想（他们的网站非常棒，网址是http：//www.ted.com/，包含了大部分演讲的视频）。

博格本来担心他找不到足够多可以谈论的应用程序，从而无法填满那十八分钟。最终他遇到的问题是，他发现了太多的应用程序：超过7000个应用程序，而且只针对苹果手机。对于普通用户来说，它们包括："Uhear"，一款能让苹果手机测试听力的应用程序；"ProLoQuo2Go"，一款语音合成器，可以让有语音障碍人士触摸苹果手机屏幕上的短语、图标和单词，然后说出他们识别出的文本；"Retina"，一款可以让色盲用户将苹果手机指向某个有色物体，然后识别出该物体颜色的应用程序。

博格还发现了供医疗人员使用的应用程序，其中包括："Anatomy Lab"，一款针对医学生的虚拟尸体，允许用户探索人体解剖；"Epocrates"，一款可以提醒医生两种处方药可能产生副作用的电子百科全书；"AirStrip OB"，它能让产科医生远程监测孕妇的生命体征。

普适计算在老年人护理方面也有重要的应用。在一次关于辅助护理技术使用的国际会议上，四位来自得克萨斯大学计算机科学系的研究人员，描述了一种简单而廉价的无线网络的设计，这种网络可以应用在养老院或老年人家中。这与之前详细介绍的监控日本老年人在家状态的iPot类似。

他们所描述的网络可以支持各种各样的监控，从而轻松实现各种各样的应用程序。比如监测运动，当一段时间没有探测到运动后就会发送消息到远程监测站；又比如监测生命体征，使用射频识别技术监测心率。未来十年，消费电子领域的一个主要扩张领域将是基于无线的家庭娱乐，那时所有的有线连接将被无线连接取代。研究人员所描述的这种网络，可以很容易地附加在这些局域网上。

全球"圆形监狱"

计算机可以放置在各种各样的地方：卫星、远程望远镜、温度测量系统，甚至装载在货船上。在过去的十年里，地质学、气候学和自然地理学等领域的研究人员所能获得的数据量大幅增加。

有大量的例子表明，嵌入硬件的计算机可以产生大量的数据。澳大利亚"平方千米阵列"望远镜将产生数十亿的数据项，天文望远镜的"泛星计划"阵列将每天生成数拍字节的数据。基因测序技术也正在迅速推进，数十亿的脱氧核糖核酸（DNA）数据项可以在短短几天内生成。

这些计算机的输出具有巨大的价值，例如说改变了我们对气候变化的研究。然而，虽然计算机提供了这样的数据，但它也带来了一些重大问题。核子对撞机、基因测序仪和射电望远镜等设备提供的数据对整个科学界都有价值，而不仅仅是那些使用这种硬件进行实验的人。不幸的是，对于这种数据的存储和发布，几乎没有标准。

世界上只有为数不多的科学数据图书馆。加州大学圣迭戈分校的圣迭戈超级计算机中心就是一个很好的例子。这里存有包括生物信息学和水资源实验在内的大量数据（目前有很多拍字节），并以其他研究人员可以访问的方式存储在这里。另一个例子是澳大利亚国家数据服务局（ANDS），它提供数据注册服务。ANDS不存储数据，它存储关于其他地方存储数据的信息：可访问数据的网站、数据的性质和谁负责生成数据，这是可以通过ANDS计算机访问的三个项目。

不仅是数据量在增加，研究文献也在增加。医学研究就是信息量暴涨的一个很好例子。1970年，大约有20万篇研究论文被编目；到2009年，这一数字已上升至80万。

在撰写本章初稿的过程中，一个重大的安全事件影响了东安格利亚大学气候研究所（CRU）。CRU是世界上最重要的气候研究机构之一，负责多个数据库，其中一个包含来自世界各地温度测量站的数据。

2009年10月，黑客从CRU的一台计算机中窃取了大量电子邮件、文档和程序描述文件。这一盗窃事件发生在哥本哈根气候变化大会召开前几周，这次文件盗窃引起了博客帖子、文章和电子邮件的议论狂潮。在“气候门”事件的鼎盛时期，我发现有超过3000万条关于它的引用。

“气候门”事件有几个维度：关于CRU的科学家是否篡改了数据，CRU科学家的行为是否与其他不认同他们对全球变暖观点的科学家相违背，以及英国的《信息自由法》是否存在争议。

然而，从这一事件中可以清楚地看出，世界各地的气候数据具有不同的性质，各种数据存储库缺乏适当的编目，而且缺乏操纵这些数据的可见程序代码。

如果科学界想要在充分利用计算机的数据收集和数据处理方面取得任何进展，那么就需要做出重大的改变，就像政治的、智识的、科学的努力造就了多学科的团队，这些团队为曼哈顿计划或布莱切利密码破译项目而团结在一起，并对第二次世界大战的结果产生了重大影响。

在那些迫切要求将互联网用作科学数据开放存储库的人中，微软公司的研究员吉姆·格雷是最重要的。格雷是一名计算机科学研究人员，他强烈要求科学界接受计算机给他们的研究带来的变化。他设想了第四种范式，与现有的三种科学范式并列，即经验观察、数据分析处理（通常使用统计方法），以及基于分析的模拟或建模，由此创建和修正与生成数据现象相关的理论。格雷的第四种范式有许多组成部分，这些组成部分将会带来技术和政治上的挑战。

第一个组成部分是对实验数据的整理。这涉及专门用于存储数据、元数据和任何与数据相关的计算机程序的互联网站点的开发，例如，在数据存储到数据库之前对数据进行一些操作的程序。这是一个重大的挑战：它不仅涉及将大量的数据存储在一个网站，而且还涉及规范元数据——描述每个数据集合是什么意思的数据——例如，事实上一系列的数据来自两个日期之间一个特定的测温站。它还包括存储数据如何更改的细节，以及用于影响更改的流程和程序。

格雷第四范式的第二个组成部分与研究出版物的爆炸式增长有关。如果你看了一篇研究论文的结构，就会看到其他论文的参考文献、数据集的参考文献，以及计算机程序。阅读和消化这些论文所需要的脑力劳动越来越多。

研究人员正在着手解决这个问题。帮助读者的一种方法是在原始文章中添加支持材料的增强形式。欧洲分子生物学实验室（EMBL）德国的“映射”工具就是这样做的一个例子。它在一篇研究论文中标记基因、蛋白质和小分子的名称，这些标记与保存生物信息数据的相关序列、结构或相互作用数据库超链接。因此，如果读者想要交叉引用一个基因序列，他们所要做的就是点击论文中的链接。

格雷第四范式的第三个组成部分是数据可视化。当你有大量的数据时，在处理了这些数据之后，将有稍少但仍然大量的输出结果。在越来越多的情况下，这种输出的规模正在击败传统的显示方式，例如二维图。研究人员现在正努力开发新颖的——通常是三维的——渲染输出的方法，这样读者就可以辨别模式。

格雷第四范式的第四个组成部分是整合组成一个基于计算机的科学实验的所有元素。当你做一个实验时，首先对实验将做什么有一个概念性的想法，然后把这个想法转变成一个具体的过程，包括收集数据等，然后用一些计算机程序处理数据，并显示结果，在最后一步，将研究结果发表在学术期刊或会议上。这需要一个翔实记录，它描述这个过程中的每一个步骤，以及链接到的所有相关文件、数据和实验中使用的程序代码。毫无疑问，这是那些在实验中使用计算机的科学家所面临的最大挑战。

第四章

全球计算机

简　介

在本章中，我希望能使你相信，把计算机看作放在桌子上的盒子，或者是一块用于控制和监控应用（如航空电子设备应用和化工厂监控）的硅是有局限性的。我希望能让你相信，通过连接计算机——它们的处理器和存储器——我们实际上可以创造更大的计算机；这一现象的最终实例就是互联网。

全球计算机发展的关键是它的处理器：一种电子电路，它读取、解码和执行计算机程序中的指令，并实现程序员的意图。在过去的五十年里，计算机的速度增长了几个数量级。一旦计算机技术在性能方面（处理器速度、存储器大小和内存访问速度）有所进步，新的应用程序也会随之发展，它们需要更快的速度、更大的存储，或更快地访问内存，或者是对当前应用程序有了改善需求，如天气预报，硬件的进步使预测更加准确，并使预测者能够深入到未来。

棘手问题

在研究我们如何创造出越来越强大的计算机之前，有必要先看看它们必须解决的一些主要问题——所谓的“棘手问题”，这些问题的解决需要大量的计算资源。这个世界充满了棘手问题，它们需要大量的计算机资源和人力才能解决。其中之一就是人类基因组计划。这个项目发现了基因序列。如果获得的序列要存储在书中，那么大约需要3300本大书来存储完整的信息。搜索基因数据库，以寻找使人容易患上某种疾病或状况的基因，这需要的计算资源是巨大的，并需要超级计算机。

后续的项目进展缓慢，因为计算需求巨大，只能由我在本章后面描述的超级计算机来满足，但它仍在进展中。然而，有一类问题是不能完全由计算机来解决的，它们被称为“NP难题”。

这些问题的一个令人惊讶的特点是，它们很容易描述。这里有个例子叫作集合划分问题。它涉及判断是否可以将一组数字划分为两个子集，使每个子集的数字之和相等。例如，集合

（1，3，13，8，6，11，4，17，12，9）

可以划分成两个集合

（13，8，9，12）

和

（4，17，6，1，3，11）

每个加起来是42。这看起来很简单，对于小集合来说确实如此。

然而，对于更大的集合，例如包含数万个数字的集合，发现这些集合是否可以拆分所需的执行处理时间是令人望而却步的；它会很快就达到这样一个点，即使是最强大的计算机已经被制造出来，所需时间也将超过已知的宇宙生命。

这类问题不是学术性的，它们常常产生于实际应用；例如，NP难题出现在超大规模集成电路设计、遗传序列分析和航空电子设备设计中。最著名的NP难题之一是旅行推销员问题，它产生于一个与计算机硬件设计相关的任务。这里的目标是，给定一系列城市和它们之间的距离，为某人（旅行推销员）开发一条路线，让他们在同一时间到达每座城市，同时最小化路线，从而减少汽油使用量。

在实践中，绝大多数NP难题不需要一个精确的解决方案——一个接近精确解决方案的解决方案就可以了。例如，有一个NP难题，称为装箱问题，在这个问题中，给计算机一些容器和一系列盒子，目标是使容器中的闲置空间最小。对于这个问题，有可能得到99.5%的最优解决方案。

正因为如此，大量与NP难题相关的研究关注的是所谓的近似算法。顾名思义，这些是对计算机程序的描述，这些程序可以产生近似但足够好的解。

用软件解决棘手问题

最近，软件研究人员利用生物学中的一些想法来提高程序的能力，这些程序试图产生近似的解决方案。其中之一就是遗传编程。这里生成一组候选程序来解决问题，然后运行。效率最高的程序被收集起来作为新一代的程序，并结合在一起创造出更新一代的程序。这一代程序接着运行，并做进一步的接合，直到一个有效工作的合适程序出现。

“遗传编程”一词源于这样一个事实，即生成越来越有效程序的过程模仿了达尔文的进化过程（遗传编程通常被称为进化编程）。与我在本章中详细介绍的其他技术一样，它需要大量的计算机资源。

为了解决棘手问题，还有许多其他技术可以模仿生物过程。群计算是基于一种模型，该模型利用了鸟在群体中所表现出的行为，昆虫在一项任务（比如觅食）中相互合作，或者鱼在鱼群中游动。这些行为可以用非常简单的方式建模，而这种简单性已经被转移到许多优化程序中。

还有一些计算机程序可以模仿蚂蚁等群居昆虫的行为，例如，它们处理数据的方式与蚂蚁寻找食物或处理尸体的方式相同。这种蚁群程序解决的问题与一个被称为路由的区域有关；在这里，底层数据可以被模型化为一系列由线连接的点，例如在超大规模集成电路制造芯片上的连接布局。

还有其他方法可以解决一些棘手问题。计算机科学中有一个备受争议的领域被称为人工智能，因为它的支持者在过去的三十年里所做的过度声明。这一领域的研究人员分属于两个阵营：一类阵营试图利用计算机来理解人类如何进行推理等过程的，另一类阵营只想开发出性能与人类相匹配的智能软件人工制

图5 克雷巨型机XM-P48

品——不管软件是否与人类过程有任何相似之处。

人工制品构建者已经开发了许多在现实世界中获得成功的技术。几乎可以肯定的是,这种人工智能方法最著名的产品是

"深蓝",这是一个国际象棋程序,它在1997年击败了世界象棋冠军加里·卡斯帕罗夫。

这个程序依赖于一台超级计算机的巨大计算能力,但并没有把它的大部分能力建立在研究人类国际象棋玩家行为的基础上。然而,有许多人工智能程序试图通过蛮力计算和人类启发式的结合来战胜棘手问题。程序的一种类型被称为专家系统。它试图执行人类执行的任务,如诊断疾病或发现电子系统的硬件故障。这种专家系统不仅依赖于计算机的性能,而且依赖于人类专家在其工作领域中使用的一些启发式编码。

即使考虑到软件技术的进步,我们还是见证了过去的二十年仍然需要强大的计算机:软件技术在解决大问题上已经走过一段距离——但还不够远——并且有自然趋势继续前进和奋力解决更大问题、更复杂问题。确实如此,过去的四十年见证了超级计算领域的重大进步。

超级计算机

第一批计算机只有一个硬件处理器,可以执行单独的指令。不久之后,研究人员开始考虑拥有多个处理器的计算机。这里的简单理论是,如果一台计算机有n个处理器,那么它将会快n倍。在讨论超级计算机这个话题之前,有必要先澄清一下这个概念。

如果你看看很多你认为可以用超级计算机来解决的问题,就会发现严格的线性性能增长并没有实现。如果一个问题可以由单处理器计算机在二十分钟内解决,那么你会发现双处理器计算机可以在十一分钟内解决它。一台三处理器计算机可以在九分钟内解决它，一台四处理器计算机可以在八分钟内解决它。有一条收益递减的规律；通常，添加处理器会降低计算速度。实际情况是，每个处理器需要与其他处理器进行通信，例如传递一个计算结果；当添加的处理器超过所做的有用工作数量时，这种通信开销就会越来越大。

有效的问题类型是，一个问题可以被分解成子问题，这些子问题几乎可以由每个处理器独立解决，几乎不需要通信。

超级计算的历史可以分为两个阶段：20世纪70年代和80年代，以及这二十年之后的几年。在回顾历史之前，看看过去七十年来超级计算机的速度是如何提高的将很有启发意义。

第一批真正的超级计算机是由美国数据控制公司和克雷公司开发的。最成功的设计是基于矢量架构。这是基于一种能够同时对数据执行许多指令的处理器，例如同时将1000个数字相加。克雷公司制造的计算机是标志性的超级计算机。图5显示了克雷巨型机，其中之一就放置于欧洲核子研究组织（CERN）。它类似于为20世纪80年代一家广告公司的接待室设计的家具。然而，当它交付给世界各地的研究实验室时，它是当时最快的计算机：1982年，它是一台最先进的计算机，两个处理器的理论最高速度为800 MFLOPS（一个MFLOP是每秒执行一些算术运算的一百万条指令，例如将两个数字相加）。

超级计算机被送达各种各样的客户，包括欧洲核子研究组织、美国洛斯阿拉莫斯国家实验室、波音公司、英国气象办公室、日本国家航天实验室、美国国家核安全管理局和美国能源部橡树岭实验室。

这些庞然大物的客户泄露了它们的用途：核实验模拟、天气预报、模拟核反应堆的日常运行过程，以及大型飞机的空气动力学设计。这些应用之间的关键相似之处是需要执行的计算量，以及大多数计算都涉及数字处理这一事实。

在20世纪90年代之前，"矢量架构计算机"一直主导着超级计算机的发展。当时，大规模生产的处理器开始变得如此廉价，以至人们可以将它们连接在一起，而不是设计特殊用途的芯片。世界上速度最快的计算机之一是安装在美国国家计算科学中心的克雷XT5美洲豹超级计算机。它有大约1.9万台计算机和22.4万个处理器，它们是基于标准硬件处理器，而不是定制的处理器。

即使是小规模的研究机构现在也可以参与进来，通常是利用商业硬件处理器开发自己的超级计算机。这些计算机被称为贝奥武夫集群。这类计算机是基于现成的处理器，如你在家里的个人电脑中找到的处理器、LINUX操作系统（一种研究人员经常用于科学计算的免费操作系统）以及其他开源软件。

贝奥武夫计算机的能力非常强大，而且制造成本低廉：计算机科学教授乔尔·亚当斯和学生蒂姆·布罗姆开发的米罗沃夫集群仅重31磅（小到可以装进手提箱），速度可达26 GFLOPS。这台计算机在2007年初的价格约为2500美元。2009年，世界领先的芯片制造商英特尔发布了一种新的处理芯片，在一个芯片上包含48个独立的处理器。贝奥武夫计算机中使用的这种芯片将为台式机带来真正的超级计算能力。

互联网就像一台计算机

本章首先描述了超级计算机：进行大量计算的机器。这种计算机可以使用数千个处理器。令人惊讶的是，现在有一种更大的计算机，任何使用台式机或笔记本电脑的人都是它的一部分。这就是互联网。

互联网被描述为一个网络，或者更准确地说，是一个网络的网络。让我们看看它是如何运作的。当我从亚马逊等在线书商那里订购一件商品时，我会点击一系列链接，这些链接可以识别我，也可以识别我想买什么书。我每次点击，就会有一条信息发送到亚马逊的一台被称为网络服务器的计算机上。计算机发现我想要的页面，然后把它发回给我，例如包含我最终订单的页面。然后，我点击另一个链接——通常是通知书商我已经完成了我的订单的链接。

作为我的浏览器和亚马逊网络服务器之间交互的一部分，其他的计算机也被使用了。首先，有一些计算机将信息从我的计算机传送到网络服务器——它们不直接传送，而是分成若干个包，每个包可能通过一组完全不同的计算机传送。

第二，有一组计算机被称为域名系统（DNS）。DNS是互联网非常重要的一部分。当你输入一个网站的符号名称时，例如http：//www.open.ac.uk，DNS会发现这个网站在互联网上的位置。没有这些计算机，互联网将无法运行。

在销售过程中还涉及其他计算机。一个图书零售商可以有许多被称为数据库服务器的计算机。这些包含大量的数据集合；对于在线书商，他们将保存诸如正在出售的图书、它们的价格和库存数量等数据。它们还将包含一些数据，如过去对个人的销售额，以及市场信息，如过去出版图书的销售额。当包含可用细节的网页呈现给客户时，就涉及数据库服务器。

书商的仓库里也会有计算机。这类计算机的一个应用是提供所谓的选书清单：这是在一定时间内所采购书的清单。计算机将这些书分类成一个清单，详细列出每本书及其在仓库中的位置，并将以一种使仓库工作人员所需的行进量最小化的方式来组织这个清单。仓库工作人员还会使用一台计算机来通知数据库服务器图书已经被取走，需要标记为已从书架上取走。

此外，还将出现具有金融功能的计算机，为从图书供应商处购买的图书支付货款，为客户购买的图书发送账单给信用卡公司。因此，这个例子向我们展示的是，互联网的功能就像一系列计算机——或者更准确地说是计算机处理器——执行一些任务，比如买一本书。从概念上讲，这些计算机和超级计算机之间没有什么区别，唯一的区别是在细节上：对于一台超级计算机，处理器之间的通信是通过一些内部电子电路进行的，而对于一组在互联网上共同工作的计算机，通信是通过用于该网络的外部电路进行的。

互联网中使用的网络技术可以用来创造一种超级计算机的想法，已经嵌入所谓的网格中，由此产生的计算机被称为网格计算机。

网　格

那么，什么是网格计算呢？计算机网格是使用互联网技术连接在一起的传统计算机的集合，通常通过高速通信电路连接。有两种看待网格的方式：一种是主流超级计算思想的延续，这是研究人员的观点；另一种是优化企业计算机使用的新方法。请记住，计算机处理器在使用时有大量的空闲：它们可以在多达95%的时间里处于空闲状态。商业网格软件供应商指出，购买他们的产品将大大降低企业的硬件成本。

网格可以是正式的也可以是非正式的；前者通常由维护网格的商业软件支持，允许文件共享和处理器共享，后者是执行某些大型任务的计算机松散联盟。非正式网络一个很好的例子是folding@home。这是一个由斯坦福大学化学系协调的网络。它的目标是进行大量与蛋白质折叠相关的数字运算；这项工作与人类基因组计划有关，它试图找到治疗严重疾病的方法，如帕金森和囊性纤维化。成千上万的计算机以接近4 PFLOPS的速度连接到它。

网格计算代表了超级计算机执行大量计算以解决棘手问题的想法，向数字处理领域之外的商业应用程序的微妙转变。在应用领域，它影响了云计算的理念，云计算认为互联网是所有应用的中心工具——而不仅仅是数字运算——并且有可能颠覆目前计算机的商业使用方式。我将在第七章中进一步讨论这个问题。

后 记

本章的内容表明，把计算机想象成放在桌子上的一个盒子，或者是DVD播放器或一组交通灯中的一块硅基电路，这种想法太局限了：对于将互联网看作一个大型计算机，我会在第七章讲述一系列有趣的问题，讨论一种不断发展的商业计算机使用模式，它将大量的处理和数据从单个计算机中带走，并将其委托给由商业企业维护的强大服务器。

这也是我将在最后一章讨论的主题，在这一章中，我将考察乔纳森·兹特林和尼古拉斯·卡尔的作品。兹特林认为，互联网随心所欲的发展使计算机用户进入了一个创新的新时代，但代价是安全等问题。他的著作《互联网的未来》描述了一个可能的场景，商业压力迫使大部分普通计算机用户减少所能做的事情，家庭电脑被降级为类似20世纪60年代的哑终端，那是计算创造力黄金时代结束之时。

卡尔把互联网比喻为计算机，但是集中在工业的观点上。他设想，在未来，计算能力将成为一种公用事业，就像电力成为一种公用事业一样，计算机的作用（至少对房主来说）将降低到只是接入互联网。我将在最后一章再谈到这个主题。

第五章

不安全的计算机

简　介

在2009年伊朗选举抗议活动期间，外国活动人士通过实施所谓的拒绝服务攻击，使作为网络服务器的属于伊朗政府的电脑瘫痪。这次袭击是抗议腐败选举结果的一部分。这些活动分子向服务器发送了成千上万的网页请求，以至于网络服务器的处理器被发送的数据量压垮。这有效地关闭了它们。

1999年，一种名为"梅丽莎"（Melissa）的电脑病毒被发布到互联网上。该病毒所做的是感染微软的电子邮件程序，该程序是视窗操作系统的一部分。该病毒通过电子邮件传播。如果有人收到一封带有病毒附件的电子邮件，然后点击了附件，他们的电脑就会被感染。一旦一台电脑感染了病毒，它就会访问电子邮件程序的联系人列表，并通过电子邮件向该列表中的前50位联系人发送病毒。这是一种特别有害的病毒，不仅因为它传播迅速，还因为它有可能修改受感染计算机上的文字处理文档，从而使它们也传播病毒。

2007年，英国政府报告称，委托给女王陛下的税务和海关部门的超过2500万人的儿童福利数据丢失。详细资料储存在两张光盘上，并邮寄到另一个部门。

这只是计算机不安全的三个例子。前两项涉及技术故障，而最后一项则是管理故障。本章的目的是考察计算机面临的威胁，以及如何应对这些威胁。它还将探讨一些错综复杂的隐私问题。

病毒和恶意软件

病毒是非法引入计算机或计算机网络的计算机程序；一旦引入，它就会进行一些恶意行为。典型的恶意行为包括：删除文件；就梅丽莎病毒而言，通过电子邮件将文件发送给其他互联网用户；监控用户的按键操作，以发现密码和银行信息等重要信息；扰乱文件，使其无法阅读，然后要求支付赎金，当受害者支付赎金时，会向受害者发送一封电子邮件，说明如何还原文件。病毒是被称为恶意软件的软件集合的一个子集，而且是一个很大的子集。

病毒进入计算机系统的主要方式有三种。第一种方式是作为附件，例如，用户可能会收到一封电子邮件，其中包含一条关于名人惊人行为的消息，并指示用户点击附件以查看该行为的照片证据；一旦收件人点击附件，病毒就会在计算机上驻留。

计算机感染病毒的第二种方式是使用不安全的软件。互联网上有很多免费软件；大部分都是有用的（我使用一个优秀的程序来备份我的文件），但是有些软件会包含病毒。一旦安装了包含病毒的软件，病毒也会被安装。病毒携带者通常被称为“特洛伊木马”。

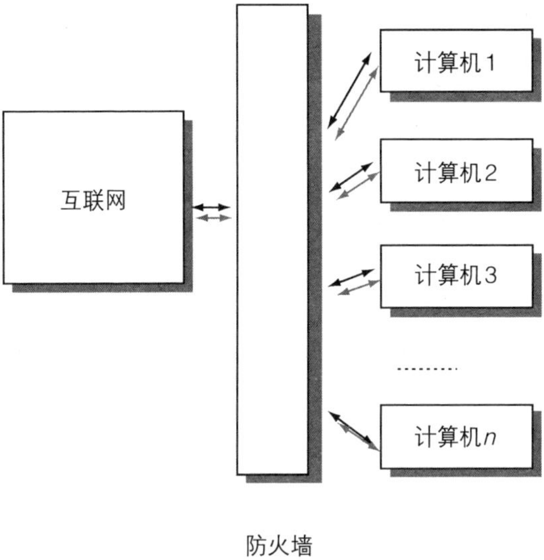

图6　防火墙结构

第三种方式是不使用或不正确使用被称为防火墙的程序。这是一个屏障，可以防止不必要的连接进入计算机。它会持续监控这些连接，并拒绝任何被认为有害的连接。

除了病毒和特洛伊木马之外，还有许多其他类型的恶意软件。逻辑炸弹是一种程序，当特定情况发生时，它会在计算机中执行，比如说当一个文件被首先访问的时候。定时炸弹与逻辑炸弹类似，只是恶意软件的执行发生在未来的某个时间。这类炸弹主要被离开公司的不满员工所使用。

陷阱门是计算机系统中的一个弱点，允许未经授权进入系统。陷阱门通常与写得不好的系统联系在一起，这些系统与计算机的操作系统交互，但也可以由那些为计算机受到影响的组织工作的系统程序员故意构造。

蠕虫是一种通过网络多次复制自身的程序。与互联网相关的首批入侵之一是莫里斯蠕虫病毒，它影响了新兴互联网中的大量计算机。

兔子病毒与蠕虫病毒相似，不同之处在于它在一台计算机上而不是网络上复制自己，并通过占用计算机的所有资源（主存储器、文件存储器，甚至硬件处理器）来有效地关闭计算机。

病毒可以隐藏在多个位置，例如，它们可以与程序集成：它们可以包围程序并拦截对要执行程序的任何请求，可以附加到程序的末尾，也可以嵌入程序中。它们还可以嵌入文档或图像中，然后在打开文档或图像时执行。

用于检测、隔离和删除病毒的一项重要技术是病毒扫描仪。诺顿、卡巴斯基和AVG等公司提供了大量商用和免费的病毒扫描程序。病毒只是一个程序——尽管是一个可能造成重大破坏性影响的程序——和所有程序一样，都有一个签名。这是病毒特有的0和1模式。病毒扫描器在执行时会处理计算机的硬盘和存储器，寻找病毒特征。为了做到这一点，它依赖于已知病毒特征的数据库。

当你购买病毒扫描器时，你也会购买一个病毒特征数据库和一个程序，当出售扫描器的公司发现并检查新病毒时，该程序会定期更新数据库。

查尔斯·P.弗莱格和莎丽·L.弗莱格在他们关于计算机安全的优秀著作中描述了保护自己免受病毒侵害所需采取的步骤：

使用病毒扫描器；仅从信誉良好的商业软件供应商处购买软件；在一台孤立的计算机上测试你怀疑的所有新软件；如果你收到一封带有附件的电子邮件，那么只有在你知道它是安全的情况下才能打开它（一项检查是在谷歌等搜索引擎中键入电子邮件的一些关键词：你可能会发现有人将该电子邮件标记为危险邮件）；而且要经常备份你的文件，比如把它们转移到一个便宜的硬盘上，而这个硬盘通常与你的电脑分开存放。

之前已经简要提到的另一种技术对病毒和其他攻击非常有效，那就是防火墙。有各种各样的防火墙架构，一种架构如图6所示。防火墙所做的是拦截来自受保护网络（通常来自互联网）之外的任何流量，并拒绝任何可能对网络造成危险的流量。还有一种被称为个人防火墙的防火墙，用于保护个人电脑；然而，它的功能类似于工业防火墙：只是它有一个较小的功能集。这种网络防火墙通常是为家庭使用而销售的，并作为一个包含病毒扫描器和其他安全软件的集成包销售。

防火墙执行的典型操作包括：检查任何附件是否包含病毒，拒绝访问计算机或网络，以及拒绝向外部计算机提供设施，例如复制文件。

计算机犯罪

有大量与计算机相关的犯罪，包括：通过操纵计算机记录来进行欺诈；在一些国家，垃圾邮件是非法的，即发送未经请求的电子邮件，通常销售某些产品或服务；未经许可访问计算机系统；

未经许可访问计算机系统以读取、修改和删除数据；窃取数据或软件；通过计算机进行的工业间谍活动；通过访问某人的个人信息窃取其身份；访问财务数据并窃取与该数据相关的资金；传播病毒；传播儿童色情制品。

一种典型的非技术性犯罪是，员工可以访问金融系统，并签发大量应付给自己和/或他人的支票。在犯罪者被抓获之前，此类犯罪通常会涉及超过100万美元的资金。

2008年，一个包含翻译广告的网站发布了一个职位空缺信息。这项工作包括修改从另一种语言翻译成英语的文本。申请者被要求提供简历中常见的数据，以及他们的银行账户详细信息。发布该广告的"公司"与乌克兰的一个犯罪集团有关。任何提出申请的人都会被抽走账户中的资金，然后用于洗钱骗局。

2009年，一项针对美国计算机的调查发现，美国有数百万台计算机被假冒安全软件"感染"。这是一个非常复杂的骗局的结果。在这个骗局中，当计算机用户访问某个特定网站时，他们在弹出窗口中看到一个警报，告诉他们自己感染了病毒，可以轻松下载免费软件，并与其他许多软件一起用于检测和删除病毒。当然，该软件是一种能够发现计算机用户财务细节的病毒。

2006年，三名俄罗斯黑客因对英国博彩公司实施了一次拒绝服务攻击而被判入狱八年。在这种类型的攻击中，计算机中充斥着消息——有时是网页请求，有时是电子邮件消息——结果是，受到攻击的计算机被禁用，无法响应正常用户的请求。黑客攻击的目标是一家大型在线博彩公司的网络服务器，该公司因拒绝支付巨额赎金，他们的计算机在“育种者杯”比赛期间被封锁，致使该公司每天的攻击损失超过16万英镑。

关于计算机犯罪的一个重要观点是，许多犯罪可以由缺乏技术知识的计算机用户实施。上面的例子需要不同程度的技术技能，而抽走资金的例子则需要最少的技能。典型的非技术性犯罪包括：在大型垃圾箱中翻找含有敏感信息的计算机打印件（这一过程被称为垃圾搜寻），用手机拍摄白板上写的有关计算机系统的重要信息，窃取密码并使用该密码伪装成计算机系统的用户。

所有这些非技术性的例子最多需要你通过使用家庭电脑进行文字处理或电子表格工作所获得的知识。因此，考虑到计算机犯罪可以用技术或非技术的方式进行，对计算机犯罪有各种技术和非技术上的防御也就不足为奇了。

计算机犯罪的技术性防御

针对大量与计算机相关的技术犯罪的主要防御措施之一是密码学。这是一种用于隐藏和加密数据的技术，这些数据可能存储在计算机中，也可能在通过网络连接的两台计算机之间传输。密码学在罗马时代就已经存在了，当时尤利乌斯·恺撒用它向他的军事指挥官发送信息。计算中使用的密码相当复杂；不过，对恺撒密码的描述会让你大致了解它们的工作原理。

恺撒密码涉及通过将信息中的每个字母替换为字母表中该字母后面的第n个字母来更改文本。例如，如果n是2，那么字母“a”将转换为字母“c”；字母表末尾的字母将转换为开头的字母，例如字母“y”将转换为“a”。

Caesar was here

在这里将被改成

Ecguct ycu jgtg

在恺撒密码中，数字*n*充当密码。在密码学界，它被称为密钥，即用来控制加扰文本（纯文本）的精确转换，以产生无法读取的文本（密文）。上述信息的接收者所需要做的就是知道密钥（每个字母向后转换位置的数字）。然后，他们就能从密文中提取信息。

恺撒密码非常简单，也很容易破解。破解现代密码是一项复杂的工作，需要掌握统计学知识才能理解。它需要关于词频、字频的数据，理想情况下，还需要一些关于电子邮件上下文和消息中可能包含的一些单词的知识。正是对信息中可能出现的短语的了解，使得第二次世界大战的密码学家能够破译德国信息。例如，许多信息都会包含“Heil Hitler”。

自恺撒密码问世以来，我们已经走过了漫长的道路；事实上，自第二次世界大战以来也已经有很长时间了。基于计算机的密码仍然是基于替换，例如恺撒密码中的类型。然而，有两个因素使得密码变得非常强大。首先，换位既适用于纯文本，也适用于替换；一种换位是指文本中的一个字符移动到文本中的另一个位置。第二，大量的替换和换位通常通过计算机硬件或高效的计算机程序进行。

我所描述的密码类型被称为对称密码；它是对称的，因为更改纯文本（加密）和将密文转换回纯文本（解密）使用的密钥相同。对称加密方法非常有效，可用于对从一台计算机发送到另一台计算机的大型文件或长消息进行加密。

不幸的是，对称技术面临一个主要问题：如果有许多人参与数据传输或读取文件，每个人都必须知道相同的密钥。这让它成了一场安全噩梦。更糟糕的是，密钥越复杂，消息被读取的可能性就越小；因此，像"Darrel"这样的密钥是无用的，而像"55Tr3e343E4((!!dfg21AVD90kk-9jk}"这样的密钥则提供了高度的安全性，唯一的问题是它可能很难被记住，需要存储在某个地方，例如钱包或桌子的抽屉中。

虽然已经有很多人试图确保密钥分发过程的安全性，例如，对生物识别智能卡上的密钥进行编码，并为密钥或密钥集的分发设计安全协议，但对称加密和解密的密钥安全性仍然是一个问题。

这个问题的一个公开解决方案是由三名美国计算机科学研究人员开发的，他们是惠特菲尔德·迪菲、瑞夫·墨克和马丁·赫尔曼；而使他们的想法得以实际应用的则是另外三名研究人员，他们是罗纳德·李维斯特、阿迪·萨莫尔和伦纳德·阿德尔曼。我使用"公开"这个词，是因为英国政府解密的文件表明，三名英国研究人员——克利福德·柯克斯、马尔科姆·威廉森和詹姆斯·埃利斯——也在英国政府位于切尔滕纳姆的绝密通信总部开展了这方面的工作。他们的工作是在20世纪70年代初进行的。

这些研究人员开发的解决方案，被称为公钥加密或非对称加密，其核心在于计算机无法解决需要大量计算资源的难题。术语“不对称”最能描述这种技术，因为它需要两个不同的密钥，一个公钥和一个私钥。

假设两个计算机用户A和B希望使用非对称加密技术进行通信，并且每个用户都有一个公钥和一个私钥。公钥由两个用户各自发布。如果A想向B发送加密消息，那么她将使用B的公钥对消息进行加密。当B收到消息时，他将使用他的私钥解密信息。非对称密码系统有许多特性；一个非常重要的问题是，用于发送消息的公钥不能被某个截获消息并试图解码它的人使用。

公钥密码术一举解决了与对称密码术相关的一个主要问题：存在大量密钥，其中一些密钥可能以不安全的方式存储。然而，非对称加密的一个主要问题是，它的效率非常低（大约比对称加密慢一万倍）：虽然它可以用于电子邮件文本等短消息，但对于发送千兆字节的数据来说，它太缺乏效率了。然而，正如你稍后将看到的，当它与对称加密相结合时，非对称加密提供了非常强的安全性。

一个强大的用途是提供一种数字身份形式作为数字签名，其中密钥生成过程的数学特性用于提供认证，证明声称发送了消息的人实际上就是该人。

第二个用途是发送安全消息，例如在银行和客户之间。在这里，用户和网络服务器的身份通过数字身份检查进行介导。这里值得一提的是，你不应该仅仅依靠技术，而应该使用常识。例如，一种常见的欺诈行为是向用户发送一封自称来自银行的电子邮件，要求他们登录一个伪装成银行网站的流氓网站，谋取用于抽走资金的账户数据。互联网上到处都是颠覆科技的恶棍。

有许多技术被用来提供这种安全性；几乎所有的密码都是基于对称和非对称密码的组合。一种非常流行的安全方案被称为安全套接字层，通常简称为SSL。它是基于一次性密码本的概念。它提供了一个近乎理想的加密方案。它要求发送方和接收方都有一个名为密码本的文档，其中包含数千个随机字符。发送方取前n个字符，比如50，然后使用它们作为密钥对消息进行加密。接收者在收到信息时，会从他们的密码本中取这50个字符并解密信息。一旦这些字符被用于密钥，它们就将被丢弃，并使用接下来的n个字符发送下一条消息。

一次性密码本的一个主要优点是，一旦密码被使用就会被丢弃；另一个优点是，任何文档都可以用来生成密钥，例如电话簿或小说也同样适用。一次性密码本的主要缺点是，它们需要发送方和接收方之间同步，以及密钥的打印、分发和存储的高度安全性。

SSL使用公钥加密技术在消息的发送方和接收方之间传递随机生成的密钥。该密钥对于发生的数据交换仅可使用一次，因此是一次性密码本的电子模拟。当交换的每一方都收到密钥时，他们使用对称加密技术对数据进行加密和解密，生成的密钥执行这些过程。如果双方希望进一步交换数据，则会生成另一个密钥,并像以前一样进行传输。

针对计算机犯罪的另一项技术防御措施是密码。密码背后的理论很简单:计算机用户记住一些字符集,并使用它们访问网站或文件——密码实际上是用户身份的代理。有时密码被用作加密密钥。密码提供了主要优势;然而,由于人为失误,密码方案的安全性可能会降低。

一般来说,计算机用户选择的密码很差。最好的密码和加密密钥是长密码且包含字母、数字和特殊字符,例如叹号。举例来说,密码"s22Akk;; !!9iJ66s0-iKL69"是一个很好的密码,而"John"是一个很差的密码。20世纪90年代,埃格网上银行发现其客户选择了糟糕的密码。例如,50%的人选择了家庭成员的名字。查尔斯·P.弗莱格和莎丽·L.弗莱格在他们出色的《计算机安全》一书中就密码选择提供了明智的建议:不要只使用字母字符,使用长密码,避免使用姓名或单词,选择一个不太可能记住的密码,例如"Ilike88potatoesnot93carrots!!",定期更改密码,不要写下密码,也不要告诉别人你的密码是什么。

除了密码,还有许多高科技的方法可以在电脑上识别你自己。生物识别是一个备受关注的领域。在这里,使用的技术可以从独特的身体特征识别计算机用户,通常与密码结合使用。可以使用的典型特征包括指纹、虹膜图案、用户的脸、他们的声音以及一只手的几何形状。许多技术都处于研究阶段,有些技术的错误率高得令人无法接受,而且容易受到攻击。例如,语音技术的一个活跃领域是从一组录音中模拟一个人的声音。

非技术性安全

在我从查尔斯·P.弗莱格和莎丽·L.弗莱格的著作《计算机安全》中引用的建议中，有一条禁令是禁止告诉任何人你的密码。这是预防非技术性安全漏洞和问题的一个很好例子，因为计算机用户面临的不仅仅是与病毒和其他非法技术有关的问题。

前安全黑客凯文·米尼克在其著作《欺骗的艺术》中描述了一些对计算机系统的攻击，这些攻击完全不需要技术知识。许多黑客已经使用了各种被归类为社会工程的技术来渗透计算机系统——不是通过使用蠕虫病毒或操作系统陷阱门，而是通过利用人性的弱点。他在书中指出，社会工程陷阱

> ……利用影响力和说服力来欺骗人们，让他们相信社会工程师不是他，或者通过操纵。因此，社会工程师能够利用人们在使用或不使用技术的情况下获取信息。

这是米尼克描述的一个典型的社会工程攻击。潜在入侵者通过伪装成另一家商店的店员，与音像租赁商店的店员建立关系，该商店是一系列音像商店的一部分。这种关系持续了几个月，以至于无辜的店员认为与他们正在交谈的人实际上在姐妹店工作。然后，有一天，入侵者打电话给店员，声称他们的电脑坏了，并询问音像租赁客户的详细信息（姓名、地址、信用卡）。一旦获得了这些信息，他们就可能从客户的银行账户盗取资金。

除了使用非技术性手段犯罪之外，数据也因人性的脆弱而丢失。过去的十年中，公司和组织出现了大量数据泄露。例如，2008年，英国汇丰银行承认丢失了数万名客户的保险记录数据。虽然磁盘受密码保护，但没有加密，因此任何具有良好计算技能的人都可以读取。

2007年，在英国计算机史上最大的一次数据泄露事件中，政府的税收和海关部门丢失了2500万份记录，其中包括那些领取儿童福利的英国公民的财务和其他数据。一名员工将详细信息写入计算机磁盘，并将未登记的磁盘寄送给另一个政府部门，然后在邮寄过程中丢失。

公众的印象是，对安全和隐私的主要威胁来自技术性攻击。然而，来自更平常原因的威胁也同样高。数据盗窃、软件和硬件损坏以及未经授权访问计算机系统，可能以各种非技术性方式发生：有人在垃圾箱中查找计算机打印输出；由使用手机摄像头的窗户清洁器拍摄包含敏感信息的显示屏；办公室清洁工从办公桌上偷文件；公司访客在白板上记下密码；一名心怀不满的员工用锤子敲打一家公司的主服务器和备用服务器；或者，有人把未加密的记忆棒扔到街上。

保护计算机免受技术性攻击相对容易：它涉及购买安全软件，并确保该软件使用的文件（例如病毒特征文件）是最新的。当然，使用技术性手段访问计算机的入侵者和负责安全的工作人员之间总是存在斗争。有时攻击会成功：例如，20世纪90年代的拒绝服务攻击是一个严重的问题，但很快，技术性手段就会被开发出来以应对它们。

对于公司和其他组织来说，防范非技术性攻击要困难得多：它需要一整套程序来防范所有可能的安全风险。此类程序的例子包括：接待访客的程序，例如执行不得访客独自在建筑物周围走动的规定；废弃的计算机打印输出的处理程序；确保笔记本电脑在旅行时的安全；硬盘上可能存储敏感数据的旧电脑的处理程序；禁止在社交网站上发布可能有助于社会工程攻击者访问计算机网络的个人信息；以及确保桌面清洁政策。

非技术性安全要困难得多，因为它比技术性安全要普遍得多：它需要从接待区工作人员到计算机中心负责人的所有人的合作，而且，在重视安全性的组织中，它被嵌入一个厚厚的文件中，称为安全手册或安全程序手册。

对于在家工作的个人来说，想要防范非技术性攻击要容易得多，所需要做的就是：加密任何敏感文件，例如包含财务数据的电子表格；为任何敏感数据文件使用足够安全的密码；切勿在互联网上或接听电话时提供密码和银行账号等数据；如果你确实需要随身携带数据，那就买一个加密的记忆棒——它们过去有点贵，但自首次上市以来价格下降了许多。

第六章

破坏性计算机

鲍德斯英国公司

今天早上，当我开始写本书第一章的初稿时，就听说我最喜欢的书店之一鲍德斯英国公司陷入了财务困境——四天后，它们进入了破产管理状态。英国广播公司的新闻谈及其中的一个原因是，该公司发现很难与亚马逊等在线零售商竞争。经营连锁书店的成本要比仓库、网站和呼叫中心贵得多，其中一些书店位于黄金购物地点。作为比较，我看了一下我最近买的一本书的价格。在市中心的一家商店里，我会以34英镑的价格买到它，而亚马逊网站上目前宣传的价格是20.13英镑。

虽然鲍德斯公司的员工能够使用计算机来帮助他们回答客户的问题和订购缺货商品，但最终它们威胁到了他们的工作。我确实认为书店有着某种未来，因为它们提供了浏览的设施，但直到我看到许多书商通过一个被称为谷歌预览的系统，允许访问其网站的访问者浏览一本书的目录和书中的许多页面。对于图书交易来说，计算机具有破坏性。

我在米尔顿凯恩斯最喜欢的唱片店是维珍大卖场，在被管理层收购后，它改名为“扎维”（Zavvi）。此后不久，扎维零售连锁店倒闭。其中一个原因是，从iTunes等网站可以下载更便宜的音乐。扎维的工作人员再次发现，计算机在他们的工作中很有用，但最终它扼杀了他们的生意。对于音乐行业来说，计算机具有破坏性。

我可以从计算机上阅读全国性的报纸；我偶尔会这样做，但大多数时候我都会访问英国广播公司新闻网站，该网站因其设计、执行和内容获得了多个奖项。互联网上新闻的日益普及对报纸的销售产生了巨大的影响。西方世界的报纸一直在应对广告收入下滑、发行量下降以及读者在线免费新闻运动。根据美国发行量审计局的数据，与2008年同期相比，2009年4月至9月，379份美国日报的平均日发行量下降了10.62%。计算机帮助了那些为报纸复制文件的记者：文字处理软件是一款非常棒的软件。然而，计算机导致许多报社裁员。对于报业来说，计算机具有破坏性。

与报纸相关的另一个破坏性是评论（例如书评）空间的减少，以及评论人员（包括长期的和特约的）往往是第一个感受到裁员寒风的人。书评人和影评人过去是非常有影响力的人物：他们的观点可能会扼杀一本书或一部电影，或者在热门列表中提升它。现在有很多网站都在评论电影和书籍。它们中的一些只专注于评论——比如“烂番茄”网站——或者把提供评论作为其业务的一部分：这里的一个很好例子是亚马逊网站，尽管它致力于销售各种商品，但也涵盖商品目录中的商品评论——由客户撰写的评论。

在本书的这一部分中，我将从我们如何与他人互动、就业以及技术如何改善我们的生活等方面，来探讨计算机对我们的影响；我还将探讨一些可能对我们产生负面影响的方式。

破坏性技术

克莱顿·克里斯滕森是关于技术的破坏性影响的重要作家之一。他的《创新者的困境》和《创新者的解决方案》两本书探讨了硬盘存储单元等技术设备如何对行业产生重大影响。

破坏性创新可分为两类：低端破坏性创新和新市场破坏性创新。后者是指技术进步创造了新的商业机会，改变了消费者的行为，并往往导致工业子部门的消失。低端破坏性创新会影响当前的技术对象和服务，降低它们的价格，从而降低它们的可用性。

计算机已经导致了这两种类型的破坏性。例如，当手机被设计和开发时，生产它们的公司在事后添加了信息功能，没有想到这会是一个使用如此之多的功能，以至于现在无法想象在没有短信功能的情况下销售手机。这是一个新市场破坏的例子，它摧毁了大部分的寻呼机行业。

低端破坏性的一个例子是开源软件，我将在本章后面讨论。这使得计算机用户能够使用操作系统、文字处理器、电子表格系统和照片实用程序，而这些都不需要任何成本——这是真正的降价。

开源开发

当你使用计算机访问互联网时，你可能有数亿用户的受众，并且有可能将这些用户联系在一起。维基百科是一个大规模合作的例子：所有条目都是由志愿者发起和编辑的。另一个同样令人印象深刻的例子是开源软件的兴起。这种软件在许多方面都不同于商业软件；首先，它是免费的；其次，开源软件的程序代码可以供任何人阅读，这就是“开源”一词的由来，“源”指的是程序代码；最后，任何人都可以获取代码和修改代码，甚至将其作为产品销售。

存在大量开源程序代码，最常用的两种是Apache和Linux。前者是用于从网络服务器分发页面的软件。目前，估计大约65%的网络服务器使用Apache。Linux是一个更令人印象深刻的故事。它是一种操作系统，是流行的视窗操作系统的竞争对手。它起源于一个名为MINIX的简单操作系统，该系统是由计算机科学学者安德鲁·塔南鲍姆开发的，目的是教他的学生如何设计大型系统。

Linux是由赫尔辛基大学的学生林纳斯·托瓦兹开发的。他决定改进MINIX并开始开发Linux，最初的灵感来自MINIX的一些设计思想。Linux最初的实现非常好，在互联网蓬勃发展的同时，它引起了许多软件开发人员的注意。其结果是，该系统逐渐演变为由付出时间而不求回报的程序员来维护。

Linux在渗透性及其所提供的功能方面都令人印象深刻。最近的一项调查显示，80%最可靠的网络托管公司使用Linux，它是许多超级计算机的首选操作系统。还有一个桌面版的Linux，它包含了你所期望的一系列常用软件：文字处理器、图形程序、图像编辑器、电子邮件程序和音频播放器。

在桌面方面，Linux距离威胁非常流行的视窗操作系统还有一段路要走。例如，为桌面版本安装新软件有时很麻烦。但这仍然是计算机用户在现有机构之外创造大型复杂人工制品的趋势中最令人印象深刻的例子。

广　告

计算机对电视公司和报社的收入产生了重大影响。这主要是因为使用了在线广告，但也因为包含广告的电视节目可以被录制下来，当回看时，广告可以被快速转发。在这些行业发生的破坏性关键是目标市场选择。这个概念并不是什么新鲜事：它意味着你把广告放在你认为它们会获得最大读者群和回报的地方。例如，如果你有一则关于希腊考察团的广告，其中包括参观古遗址和聆听著名希腊古典主义者的演讲，那么你可能会把广告定向投放在《独立报》这样的报纸。

计算机和互联网改变了目标市场选择的面貌，并使其更加有效。具有破坏性的主要技术是“关键词广告”，这是一项谷歌的技术，它为该公司赚取了数十亿美元。“关键词广告”基于点击付费模式。如果广告主希望在谷歌上为自己的产品或服务做广告，他会指定一个金额，当某个人进行谷歌网络搜索时，一个在线广告出现在检索到的页面上，他就要支付该金额。

广告主指定哪些关键词会触发广告，因此，如果用户在谷歌搜索框中键入“钓鱼”一词，他们会发现——正如我键入该词时所看到的那样——显示了三个在线钓鱼网站的广告、一个钓鱼假期的广告和一个亚马逊钓鱼项目的广告；还有一个网站链接，该网站介绍了一种将鱼饵扔进河流或湖泊的革命性方法，而另一个链接的网站则收集了与钓鱼相关的链接。

与传统媒体相比，“关键词广告”代表了一种更具细粒度的广告方式。它效果显著。2009年第三季度，美国报纸的广告收入与2008年同期相比下降了28%；2009年前九个月的收入也下降了29%。显然，这种下降的部分原因是美国企业近年来经历的信贷紧缩问题；然而，这也是21世纪初以来出现的一种重要趋势。

电视行业的收入也有所下降。例如，根据《泰晤士报》的分析，谷歌在英国的收入为3.27亿英镑，而2007年7月至9月间，英国商业频道独立电视一台的全部产值为3.17亿英镑。

信息技术外包

2011年，我的英国电信互联网连接突然中断；对我来说，这相当于断电或停水（当我看尼古拉斯·卡尔的作品时，本书最后一章讨论了这一点）。我拨通了英国电信的求助电话，一个印度口音的人接听了电话。在接下来的二十分钟里，他通过互联网控制了我的电脑。他打开文件夹，改变了一些设置，重启了一些程序，瞧，我的连接重启了。我不经常激动，但这次我很激动。我看着鼠标指针在一只看不见的手的引导下在屏幕上移动——当我开车经过希思罗机场，看到一架波音747型客机起飞时，我会有一种感觉：我知道我所看到的是可能的，但并不完全相信它。明确地说，过错不在英国电信：我习惯于打开和关闭互联网调制解调器，在关闭期间，它错过了一个重要的更新。

这是外包的一个例子。在许多传统行业，外包已经成为常态。例如，在英国销售的大部分服装都是在中国、印度和多米尼加共和国等国生产的；电子设备通常是在劳动力成本较低的经济体中生产的，比如我的iPod是中国制造的。然而，外包现在在系统开发中也很常见。

英国领先的律师事务所之一品诚梅森律师事务所，列出了使用外部软件开发人员的理由：效率和规模经济带来的成本降低；获得高水平的信息技术技能（例如，印度的软件开发人员是世界上最精确、最老练的程序员之一，他们使用先进的工具进行系统开发；他们还拥有最高比例的经认证可以生产最高可靠性软件的公司）；从公司的基础设施中移除非核心业务；最大限度地减少信息技术基础设施的巨额资本支出，并且对未来的支出有一定程度的把握。

互联网提供了一个基础设施，使客户能够通过视频链接与其他国家的系统分析师交流，通过电子邮件发送文档，并通过实时链接测试系统。其结果是，基于计算机的开发越来越多地被转移到海外。例如，2006年，研究公司“计算机经济学”的报告称，在所有接受调查的美国公司中，61%的公司将部分或全部软件开发外包。

当我坐着敲打这一章时——我们的金融体系经历了一场最大动荡的三年后——信息技术外包的未来并不明朗。一方面，公司正在削减信息技术投资；另一方面，离岸外包公司在投资方面提供了显著的节省。这两个因素，再加上信息技术技能水平的提高，将决定未来几十年外包的增长。

我上面讨论的外包类型是粗粒度的外包，即你雇一家公司来完成一些信息技术功能。还有一种细粒度的版本。现在有许多网站提供软件员工的详细信息（这些程序员通常来自东欧）。因此，如果你有一个项目需要在有限时间内进行少量的软件开发，那么视频链接和电子邮件可以让你接触到与西欧价格相比具有竞争力的开发人员。

公民新闻

“公民新闻”一词用来描述普通公民如何通过廉价计算机和互联网连接，参与报道对事件的反应，发表新闻文章和观点文章。有许多技术可用于此：主要的技术有博客（在线日记）、播客、视频片段、数码照片和网站。

这种现象有许多表现形式。有些新闻博客聚合新闻并包含评论，这些评论不仅来自博客作者，还来自其他互联网用户，他们可以在博客文本的末尾插入评论。这些博客的内容可以是一般性的，也可以是特定主题的，比如技术。

还有一些新闻网站包含与传统报纸网站相同类型的材料。其中一些网站持中立观点；然而，他们经常从特定的立场报道和评论新闻，例如从绿色运动的角度。

公民新闻的一些最有趣的表现形式是参与式新闻网站，在这些网站上，计算机用户给文章回帖，其他用户用描述符标记文章，提供简单的索引，在掘客等网站上，用户投票决定哪些文章有趣。回帖数量最多的文章会被提升到网站的显著位置。

计算机和硅基电路价格下跌的结果之一是，数字设备的价格和可用性随之下降。其中一个最显著的领域是数字录音。在我的左边，当我写这一章时，我有一台由马兰兹公司制造的数字录音机。它的价格约为400英镑，音质可与电台采访人员使用的录音机媲美，且只有其成本的一小部分，比十年前的磁带录音机更方便。任何人都可以花800英镑左右买到两个电容话筒、一个便宜的混音器和一个这样的录音机，还可以把自己变成一个互联网电台。很多人都可以这样做。

计算机和互联网为自由表达提供了一种媒介，直到21世纪初，这种媒介才为记者所用。之前任何人能想到的最多就是写一封信给编辑，这封信可能会被选中，也可能不会被选中。现在，只要有一个重大新闻，互联网就会被消息淹没。

这种影响的一个例子发生在2009年11月。黑客成功地访问了东安格利亚大学气候研究所使用的计算机。这是世界上最重要的全球变暖研究机构之一。几天之内，互联网上就流传着大量电子邮件、音频播客、视频播客、博客和新闻故事。在独立审查调查这些说法时，该部门主管选择了辞职。

此事件发生五天之后，我在谷歌上搜索“气候门”这个词——气候怀疑论者用这个词来形容这起事件，点击量超过1300万次。我还查看了“优兔”视频网站，当我输入相同的关键词时，点击量超过1.6万次。

很明显，计算机以一种直接方式（传播新闻的能力）和一种间接方式（缺乏安全性）已经并将对新闻业产生重大影响。

数码摄影

有很长一段时间，我都用胶片相机。我会在当地的药店或摄影店买一卷胶片——通常有足够的空间进行36次曝光——然后把它装进相机，拍下照片，最后把曝光的底片交给药剂师冲洗。之后，药剂师会把胶片送到一个正在开发的实验室，最后，我会收到我的“快照”。业余爱好者有时会冲洗自己的照片；为此，他们需要将胶片浸泡在各种化学物质中，然后将底片放入被称为放大机的设备中。这会在一张浸有化学物质的纸上产生一个图像。之后，再在含有更多化学品的若干托盘中对纸张进行冲洗。这一切几乎都是在暗室中发生的，只能用红灯。

我现在用数码相机拍照，在我所使用的环境下，可以拍几百张照片。我需要做的就是把它们加载到计算机中，使用一系列可用的图像查看器和操作程序中的一个。

一个业余爱好者想要修改基于胶片的图像，就必须进行一些复杂的、容易出错的操作；例如，他们必须在放大机光束和照片之间转变纸板形状，以限制光线，从而改变图像的光线值。Photoshop等现代照片处理程序提供了各种工具，使摄影师能够以多种方式处理照片，例如改变颜色，改变照片整体或部分的曝光，着色，创造类似于后印象派画家的效果，然后在照片上选择区域并放大。

2002年，数码相机的销量超过了胶片相机。当我去一个旅游景点，现在很少看到正在使用的胶片相机。从那时起，数码相机的发展趋势是设备越来越好，比如分辨率越来越高。这种变化是由于硬件改进、更快的处理器、图像传感器像素密度的增加以及电路尺寸的减小。摄影软件提供的工具也有所增加。例如，有一种被称为高动态范围成像的技术，可用于生成超逼真的照片，这些照片是使用不同曝光值拍摄的数字照片的多个版本组合而成的。

数码相机也有被嵌入其他设备的趋势，主要是手机。移动电话的增长令人震惊。2002年，全世界约有10亿移动电话用户和10亿固定电话用户。2008年，约有12.7亿固定电话用户和40亿移动电话用户。西方世界的绝大多数手机都配有摄像头。这样做的一个后果是，它创造了一场公民记者运动。例如，贾尼斯·克鲁斯在哈德孙河拍摄了美国航空公司1549航班的第一张照片，因为引擎问题，客机在水上迫降。客机坠入水中之后，他用iPhone拍摄了这张照片——一张引人注目的照片显示，乘客们站在客机的一个机翼上，其他人则蜷缩在漂浮的紧急降落伞上。2009年6月，伊朗发生了大规模抗议活动，称总统选举被操纵；许多抗议活动被当局暴力镇压。几分钟后，互联网上就可以看到反映此事件的照片，因为抗议者将用手机拍摄的照片发送给了伊朗境外的朋友。

数码摄影的兴起还有许多其他影响。一个明显的问题是化学开发实验室的消亡。计算机的日益强大及其日益小型化意味着，这些实验室没有简单的升级途径，无法将自己转变为数字实验室，因为当地的摄影商店或连锁药店现在可以投资于复杂的数字摄影设备——现在只剩下几家非常专业的公司，它们迎合了网络艺术行业的需求，例如拍摄非常细腻的黑白照片的摄影师。

还有一些不太明显的影响。一些文化评论员提出了对照片的信任问题。例如，政治对手在一次反越战集会上散发了一张总统候选人、参议员约翰·克里和简·方达的数码照片——这张照片是经过篡改的。有许多机构在照片中插入了黑人面孔，以给人一种更具种族多样性的印象。

所有这些都提出了我们可以信任哪些图像的问题。显然，这种处理可以用胶片技术来完成，但要做到这一点就不那么容易了。使用计算机程序对数字图像进行扫描则要容易得多：我花了四分钟就将我妻子在我们村子里拍摄的照片转换过来，并添加了在阿维尼翁拍摄的背景，以给人留下她陪我旅行的印象。

除了使用手机，数码摄影还有另一种公民新闻效应。阿布格莱布事件起因于向朋友和熟人发送美国士兵虐待伊拉克囚犯的数码照片。

数码相机也提供了更多的创意机会。约翰·西蒙、肖恩·布里克西和帕斯卡·多姆比斯等艺术家在工作中经常使用计算机。得克萨斯大学的德克·霍尔斯特德教授对该杂志的读者进行了一项调查，这位数字记者向读者询问了他们对数码相机技术的态度。他们都喜欢数字技术；这项调查的一个令人惊讶的结果是，它提供的创造力比速度和便利等因素更具优势。

科学与计算机

科学研究中发生的一件令人震惊的事情是，它正被大量的数据所淹没。计算机现在经常被用来存储和分析来自地球轨道卫星、陆地气象站和大规模核试验的数十亿条数据。

例如，在未来十年内将投入使用的大型巡天望远镜，将使用非常复杂的计算机硬件，与数字摄影中使用的硬件类似，在运行的第一年，它将产生大约1.3拍字节的数据，比任何其他望远镜提供的数据量都大。

这一系列数据为科学家提供了分析和预测的重要机会，例如预测强降雨对主要人口中心附近洪水的影响。然而，它也带来了一些重大问题。世界各地有大量不同的研究小组提供数据。如果一个研究小组，比如大气物理学，想要来自另一个研究小组的数据和代码，正常的过程是发送电子邮件，如果另一个研究小组想要相同的数据，则会发生相同的过程。因此，科学家面临的第一个问题是分布式数据。

第二个问题是没有可接受的存储标准。有两个组件与数据存储相关。首先是数据本身：由空格或逗号等符号分隔的大量浮点数。其次是元数据。这是描述原始数据的数据。例如，如果数据来自全球范围内的一系列温度测量站，元数据将识别指定该站的原始数据部分、数据采样周期以及数据的准确性。目前，我们没有规范这两个组件的标准方法。

第三个问题是，在科学调查中，重要的不仅仅是数据。例如，当物理学家查看用于证明或反驳全球变暖的数据时，他们会使用计算机程序进行分析，并在这些程序中嵌入执行某些统计过程的代码。开发完全没有错误的计算机程序是非常困难的。如果其他科学家想要审核他们同事的工作或推进其工作，那么他们就需要访问程序代码。

嵌入式计算机的出现——嵌入测量仪器和射电望远镜等观测仪器——对科学造成了破坏。显然，需要更多地关注数据的归档。澳大利亚国家数据服务局等一些举措可以解决这一问题，但还需要更多。

长尾效应

2007年，克里斯·安德森出版了《长尾》一书。《连线》杂志的工作人员安德森指出，如果你查看书籍等数字物品的销售情况，你会看到如图7所示的图表。横轴显示书籍，纵轴显示销售额。你所看到的是一条标准曲线，适用于具有许多不同实例的项目，例如书籍、DVD和计算机程序。

该图表显示的是，在图表的最前面有相对较少数量的销量较大的书籍，而销量较小的书籍则有一条长长的尾巴。

安德森论文背后的核心思想是，数字化向数字产品的销售者承诺，在尾部销售产品的利润与在头部销售产品的利润一样高。在过去，书商因高昂的库存成本和店铺的物理限制而在销售上受到阻碍。出版商也有类似的限制：每隔几年，我就会收到一封来

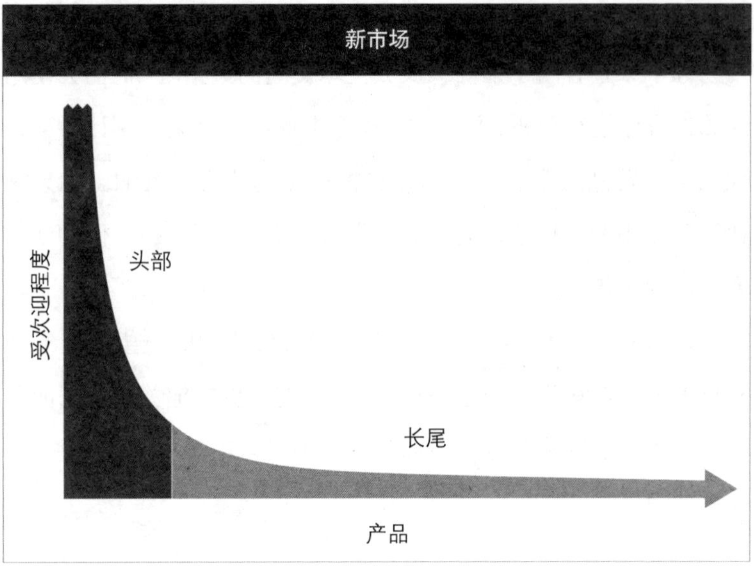

图7　长尾效应

自我的出版商的礼貌信函，告知我的一本书即将绝版，问我是否想购买一些剩余的库存。绝版实际上意味着传统书店将不再提供更多的副本，出版商的仓库也将清空。

数字对象的一个关键特性是，你只需要很少的空间来存储它们：只需要一台计算机和一些大的磁盘存储器就可以保存主要出版商印刷的所有书籍。安德森的论点是，正因为如此，在长尾的末端，对于销售商和出版商来说，存在着巨大的机会，其中深奥书籍的单品销量可能很小，但总体销量可能与尾部的畅销书相当。

安德森的想法受到了许多研究人员的挑战，他们指出，他对长尾收入与头部收入相当的想法的热情可能并不成立。然而，他们错过的是，数字技术可能意味着一些深奥的书籍，比如《20世纪初的罗马尼亚蒸汽火车》，或者一张以僵尸为主角的早期日本恐怖电影DVD，可能无法与最新的紧身胸衣开膛手的销量相媲美，但它们确实与许多其他深奥的书籍一样，提供了增加销量的机会。对于主要出版商和图书连锁店来说，计算机的破坏性是以一种积极的方式；而对于采购稀有、非漫画作品的专业书商来说，破坏性则是在另一个方向。

书籍和电子阅读器

当我去吃午饭时遇到一位同事，他手里拿着一个小型的电脑设备。这是一个电子阅读器。电子阅读器允许他从出版商的网站或书商的网站下载书籍。我在2005年看到了一个电子阅读器的原型，但没有给我留下深刻印象，主要是因为屏幕的质量很差。我同事的电子阅读器要先进得多。电子阅读器的出现反映了已在音乐领域发生的一种趋势，即乙烯基唱片被CD取代，CD正稳步地被诸如iPod播放的声音文件所取代。关于电子书和电子阅读器的未来正在进行有趣的辩论，其结果将决定十年或二十年后，我们是否会看到传统书店的终结。

一方面，有人指出，许多人买书是为了一种准审美体验，虽然阅读显然是买书的主要目的，但一本制作精良的艺术书，例如，有光泽的书页和高清晰度的书，是一种易于处理和观看的人工制品。也有人指出，在线图书和印刷版之间的价格差异并没有那么大；这是因为一本书的大部分成本来自它的营销、编辑、书店利润和出版商利润，而且由于这种微小的价格差异，印刷媒体不会向电子媒体转变。

然而，也有人将电子书的增长与音乐公司的增长进行了比较，他们证明在线音乐和CD之间存在相同的差异。他们还指出，文本是一种静态媒介，以视频和音频片段以及网站链接为特色的电子书，将提供更丰富的阅读体验——这将促使读者转向电子书。

现在下结论还为时过早——然而，有迹象表明电子书的增长正在加速。美国出版商协会最近与国际数字出版论坛联合开展的一项调查显示，该数字呈指数级增长。例如，2008年第三季度电子书的批发收入为1400万美元，而2009年同期的批发收入约为4700万美元。我不想指出这些数字表明n年内电子书将占据主导地位；毕竟，传统书籍的销量远远超过电子书。例如，美国出版商协会报告，传统图书的销售额为12.6亿美元。然而，数据显示出现了这种趋势，适用于iPod等设备的音乐文件越来越多。

2009年年末，英国书店和出版商的贸易杂志《书商》周刊发布了一项关于电子书商业可能性的调查结果。他们非常惊讶：尽管在千余名受访者中，88%的人表示他们认为电子阅读器对他们的业务构成了威胁，但许多人认为存在商业机会。一个典型的反应是，

> 通过让阅读变得更简单、更易得，以及扩大对年轻人（即移动观众）的吸引力，每个人都会受益。商业街书店需要成为

读者服务提供商——技术、一些印刷书籍（如儿童书籍、地图、艺术书籍）、建议、作者阅读、研讨会、学习中心、活动主持人等。

一种情况是，传统的连锁书店在网络竞争的压力下消失了，但当地的书店通过成为一个场所和社交中心，或许作为一个微型出版商而卷土重来。

我的观点是，目前尚不清楚传统图书销售和电子书销售之间的平衡会发生什么。然而，这里有一种情况，即具有个人观点的虚构类和非虚构类之外的电子书将会增加。例如，电子书的主要领域是百科全书和字典。维基百科在线项目已经展示了这一点：每个条目不仅包含维基百科文章上的文本，还交叉引用其他文章——通常太多——并包含许多指向相关项目的交叉链接，如论文、新闻文章和博客。

电子书的另一个发展方向是旅行书籍，在这些书中，除了传统文本外，还包含视频剪辑和照片等内容。作为一个实验，我输入了“奥赛博物馆”这个关键词，它是巴黎一家很棒的艺术画廊，由一个火车站改建而成，里面有一些19世纪和20世纪最伟大的绘画作品。我注意到有4.7万的点击量。我看了前200张照片，除了少数例外，照片的质量都非常好，很好地说明了我最喜欢的一家画廊藏品的多样性和重要性。我还查看了视频托管网站“优兔”，收到了1800个视频片段。

另一个可能出现爆炸性增长的领域是说明书，例如烹饪手册和汽车维修手册。在这里，展示更复杂烹饪技术的视频剪辑将穿插一些传统的文字和照片。

电子书技术还可以改变许多其他类别的书籍。例如，学校教科书可以包含解释难点的视频播客。然而，归根结底，电子书需要解决一个巨大的问题：小说和非虚构类书籍，它们都有自己的观点，比如一位作家写的第二次世界大战的历史。

有许多因素可能加速这一趋势。首先是免费材料的可得性——如果你愿意，可以使用开源文本。古腾堡项目是一个有着长久历史的项目：它始于20世纪70年代初，当时的创始人迈克尔·哈特在伊利诺伊大学的大型计算机上输入了《独立宣言》。从那时起，志愿者们在古腾堡项目的网站上输入并数字化了三万多本书。所有的书都没有版权，而且含有大量的秘籍。然而，狄更斯、福斯特和斯科特·菲茨杰拉德等作家的许多小说，都可以合法地免费下载到电子阅读器中。

谷歌可能会影响小说和非虚构作品的发展。在过去的六年中，该公司一直在以工业规模对书籍进行数字化。这项工作是与世界各地的图书馆合作完成的，比如哥伦比亚大学和康奈尔大学的图书馆。2009年，目前谷歌数字化图书的数量为1000万册。这些书中的大部分都可以部分搜索，大约100万本可以全文阅读。谷歌图书的普及，出版商现在乐于生产纸质图书的电子版本，以及产生新一代电子阅读器的技术进步，对纸质图书构成了重大威胁。

另一个可能降低图书成本的因素是在线广告。每年我都去牛津文学节——通常是和我妻子一起去。去年我们参加了一次会议，会上采访了我最喜欢的两位作者，并回答了一些问题。他们分别是唐娜·利昂和凯特·阿特金森，前者写以威尼斯为背景的犯罪小说，后者写高质量的、不可归类的小说。在我们参加他们的会议之前，我向妻子预言，绝大多数观众将是女性和中产阶层。粗略的人头统计证实，大约95%的人确实是女性——我怀疑同样比例的人是中产阶层。这次会议是营销人员的梦。

营销人员的一个关键工具是目标市场选择：了解电视节目、报纸或电视频道等媒体项目的潜在受众的人口统计信息。大多数目标市场选择都是广泛的：英国第四频道的观众有很多广泛的特点，就像《每日电讯报》的读者群，你会发现针对这些特点的广告。

与某一特定报纸的读者相比，书籍的购买者是一个更具针对性的目标市场。购买一本关于自然世界图书的人，可能会对与已购图书类似的其他图书感兴趣（亚马逊利用这一技巧向其网站的访问者展示可能的图书），他们可能会对涉及观察野生动物等活动的假期感兴趣，或者他们可能只需要一副新的双筒望远镜。

亚马逊销售的电子阅读器已经内置了互联网接入功能，苹果公司开发的多功能设备iPad也是如此。很快，所有电子阅读器都将具备这种功能。对于那些想购买在屏幕上打广告的图书的人来说，电子书价格可能会被压低，因为广告收入会降低电子书的成本。

第七章

云计算机

引　言

每当我和妻子去当地的特易购超市购物时，我们都会有一种默契：我们购买食品杂货，并在交出信用卡之前，会把特易购会员卡交给收银台的人。刷卡后，收银台上的计算机会将卡号和我们购买的商品发送到中央计算机。这种卡片的使用彻底改变了市场营销。在使用之前，结账计算机上的信息是聚合信息，例如，一周内购买了多少特定商品，以及一年中特定时间对特定商品的需求是否增加。通过将一系列购买商品与特定客户或家庭客户群联系起来，超市能够进行一些非常精明的营销。

特易购会知道：我的家人会买很多新鲜食物，如果是星期三，我们会买一些预先煮熟的食物，红酒是我们家的日常饮品。我对它所掌握的数据不会感到紧张：我获得了一个好处，因为它使得特易购能够向我发送他们认为我喜欢的并会更频繁购买的商品的特价优惠券；它还增加了特易购会员卡附带的航空里程旅行积分；特易购在了解我的家庭消费习惯方面占有优势。但我不准备与一家药品零售商达成这种交易，因为那里的购买行为与健康有关。

积分卡是数据爆炸的第一个表现；互联网引发了这场爆炸，并让访问浏览器的公司和个人都可以使用它。本章的目的是看看互联网是如何将计算机转变到如此地步，以至当你把网络称为一台巨大的计算机时，你也不会被指责为科幻小说式的愚蠢。

开放数据和封闭数据

特易购的数据是一个封闭数据的例子：唯一能看到它的人是该公司雇用的营销人员。互联网用户生成了大量的封闭数据。亚马逊网站收集的数据就是一个很好的例子。每当我登录那个网站，都会看到一个首页，上面显示亚马逊认为我喜欢的书籍。展示的图书是根据我过去的购买习惯制作的。例如，如果有一周我买了一本关于合约桥牌的书，那么网站会告诉我关于这个纸牌游戏的其他书。

这些封闭数据对那些通过向公众出售或租用物品赚钱的大公司来说很有价值。“网飞奖”就是一个令人震惊的例子，说明了公司对如何改进这种数据的处理所做的努力。网飞是一家向客户出租DVD和流式传输视频的公司。它有一个客户偏好和品味的大型数据库，它能够预测，如果客户选择了特定的DVD，那么他们很有可能会想借类似的DVD。该公司使用计算机程序进行预测；然而，人们认为该程序可以改进，网飞所做的是向编程社区提出一个挑战，让他们想出一个更好的程序，奖金为100万美元。2009年，该奖项由程序员团队获得，其中大多数为美国和欧洲系统公司工作。

除了封闭数据之外，还有大量的开放数据，任何可以使用浏览器的人都可以访问这些数据。2000年，加拿大黄金公司将其顶尖部门的业务放在了互联网上，让每个人都能看到。

该公司经历了糟糕的时期：其目前持有的资产似乎已被开采殆尽，黄金价格下跌，公司在一场又一场危机中蹒跚而行。黄金公司首席执行官罗伯·麦克尤恩决定将公司的勘探数据——其顶尖部门的业务——公开，并举办一场竞赛，让公众都可以处理数据，并建议未来的勘探地点。黄金公司为最佳参赛者提供了57.5万美元的奖金。

目前尚不清楚麦克尤恩激进行动的动机是什么：是绝望，还是对如何利用群众力量的洞察。不管竞赛取得巨大成功的原因是什么，各种各样的人都参与了进来：军人、学者、在职地质学家、退休地质学家和业余地质学家。结果是发现了新的、生产力很高的地点。这场竞赛使黄金公司成为黄金勘探市场的主要参与者，其价值从一亿美元增加到数十亿美元。

黄金公司的竞赛标志着向公众开放数据的爆炸式增长；不仅可以从处理公共网页中获得数据，还可以获得商业企业的计算机网络中通常隐藏的数据。

公共数据的一个例子是在线百科全书“维基百科”。这已经成为互联网的主要成功之一；它包含超过250万个条目，全部由互联网用户贡献，是我将在本章中描述的协作精神的一个例子。关于维基百科，人们通常不知道的是，它是关注自然语言处理的研究人员和商业开发人员的主要资源，例如，公司制作的程序将数千个单词总结成易于理解的形式，并在互联网上扫描文本，如涉及特定主题的报纸文章、报告、杂志文章和研究论文。

自然语言文本的一个问题是歧义。这方面的经典例子，在许多关于这一主题的教科书中被引用，比如下面这个句子

They are flying planes.

这可能有很多含义。它既可以指商用飞机的飞行员，也可以指武装部队成员驾驶的飞机的飞行员。它也可以被某人用来指天空中的许多飞机。它甚至可以用来描述儿童正在玩飞机模型。

这句话本身很难理解。然而，让它可以理解的是它的背景。例如，如果它出现在英国皇家空军招募手册中，那么它可能具有第一个含义。研究人员发现，维基百科为理解文本等任务提供了非常有用的资源。为了理解这一点，请查看以下百科全书摘录。

> 公共云或外部云描述了传统主流意义上的云计算，即通过网络应用程序或网络服务，在互联网上以细粒度自助服务方式动态调配资源，由非现场第三方提供商提供，该提供商以细粒度效用计算方式共享资源和账单。

这个摘录来自云计算的一个条目，云计算是本章的大部分内容。该摘录中带下画线的术语是对其他维基百科条目的引用。

正是这些为理解一个句子提供了语境。例如，如果一篇文章中的一句话包含“云”一词，而维基百科关于云计算的文章中的许多交叉引用都出现在这篇文章中，那么你能够将其识别为一个关于特定类别的计算，而不是气象学。

另一个开放数据的例子是推特生成的数据。这是一项技术，它允许用户将短信息存放在其他人可以阅读的网站上；这有点像你通过手机收到的信息，唯一的区别是这些信息（推特）是公开的。

美国地质调查局正在利用推特来获取公众对地震的反应。它们提供关于地震严重程度的近乎即时的反馈，并使应急服务的组织速度比通过常规监测要快一点。

美国地质调查局持续收集地理代码（由第三代手机等移动设备提供的识别代码），并存储与代码相关的推文。当美国国家地震台网监测到地震时，系统会检查事件发生后的信息是否显著增加，以及信息的性质。然后，工作人员可以检查这些信息，看看地震的影响是什么。

应用程序编程接口

所以，我给你们举了一些数据库的例子，这些数据库可以由计算机出于多种目的进行操作。重要的问题是：如何获得这些数据？关键是应用程序编程接口（通常缩写为API）。

API是一个软件工具的集合，它使得你可以访问基于互联网的资源。例如，亚马逊有一个API，允许程序员查询亚马逊销售产品的相关数据。例如，你可以检索一本书的唯一国际标准图书编号，以及其他可用于商业活动的产品数据。这似乎是一件无害的事情，但在本章后面，我将描述这是多么具有颠覆性。

有一个名为“可编程网络”的网站，其中包含可用于访问网络资源的所有可用API的详细信息。在撰写本章时，它列出了1900多个API。

那么，你能用这些工具做什么呢？一个很好的例子是，有人将自己定位为专业书商，例如销售关于法国的书籍。亚马逊有一个合作项目，为任何在自己的网站上为公司库存书籍做广告的人提供便利。这样一个网站将包含指向亚马逊网站图书条目的链接，当法国图书网站的访问者点击其中一个链接并购买图书时，亚马逊将向网站所有者支付佣金。

一个质量好的网站，例如，有关法国的文章、法国食物的食谱和最新的新闻，将吸引那些愿意通过使用网站链接来购买书籍以支持该网站的访问者——毕竟，这本书的价格与亚马逊网站上显示的价格相同。网站上关于每本书的详细信息可以通过使用亚马逊免费提供的API获取。

这种形式的合作项目——有时被称为附属项目——现在非常流行。“合作项目”网站列出了数千个这样的项目。它包括媒体部门、食品部门以及体育和娱乐部门的组织。

API的另一个用途是通过“混搭”。“混搭”一词来自酿造业，用于描述酒精饮料（通常是啤酒）的成分组合。在计算机方面，“混搭”是使用许多API来创建混合应用程序。

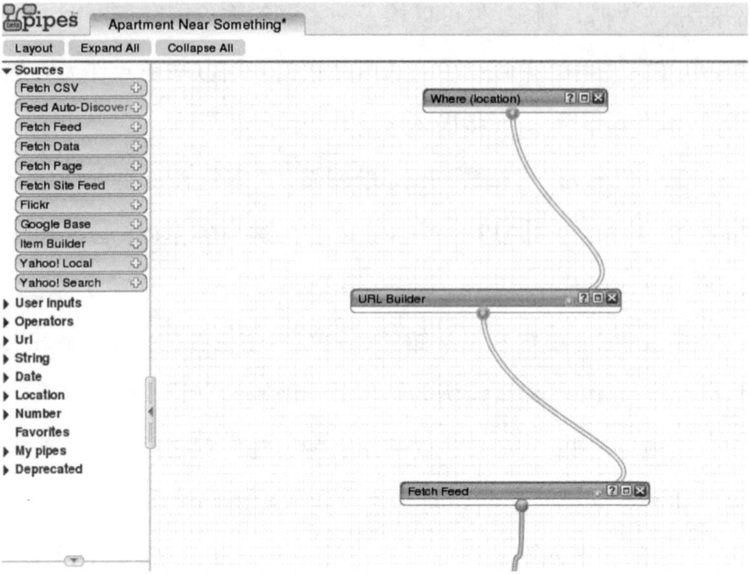

图8 “雅虎管道”项目

第一个“混搭”是由软件开发人员保罗·拉德马赫开发的。谷歌存储了一系列地图，任何人都可以查看这些地图，并为此开发了一个API。拉德马赫开发了一个程序，在热门网站“克雷格列表”上发布房屋广告，然后在谷歌发布的地图上显示待售公寓或房屋的位置。

还有许多其他的例子。“可编程网络”网站列出了数千个示例，其中一半以上涉及映射。例如它列出了，一个为十个美国大城市提供旅游指南的“混搭”，链接到“优兔”网站上显示地标和旅游景点的视频，还有一种“混搭”允许访问者分享他们最珍爱的书籍，以及将在美国城市犯罪的地点与犯罪发生的地理位置联系起来的各种“混搭”。

开发“混搭”曾经是软件开发人员所熟悉的事情。然而，雅虎公司开发了一种技术，让任何人都可以开发“混搭”。这项被称为“雅虎管道”的技术基于一种非常简单的图形编程语言。它处理来自网络站点的数据馈送，以创建新的应用程序。

图8显示了管道程序的一部分示例。要开发管道程序，你所要做的就是将各种执行功能的框连接在一起，例如过滤数据，识别重要数据，将其传递给其他框，以及在网页上显示数据。虽然开发管道程序并不简单，但它比许多“混搭”技术要容易得多，并且为任何想要开发网络应用程序的人降低了技术障碍。

云上的服务器

本章和第一章中描述的许多趋势表明，未来十年的计算将高度集中化，许多由计算机（如普通个人电脑）执行的功能，将转移到驻留在虚拟云中的大量服务器计算机上。过去的两年中，云中的设施有所增加。

在20世纪90年代，如果你想使用软件包，例如管理公司员工的人力资源软件包，那么你会购买这样的软件包并将其安装在公司拥有的计算机上。该软件包通常通过CD或DVD等磁性介质发送给你，然后由你公司的技术人员安装在任何有需求的计算机上。然后，技术人员将负责软件的维护：安装新版本，调整软件以获得最佳性能，并回答用户提出的任何技术问题。

互联网接入速度的提高，意味着一种不同的商业模式正在出现。在这里，软件包的用户不会在自己的计算机上访问它，而是使用互联网连接访问软件，软件驻留在由软件包开发人员操作的计算机上。这样做有很多好处。

第一个优点是，它将需要更少的技术人员，或者至少使员工能够集中精力完成其他任务，而不是花时间接受培训并掌握维护软件包所需的最新知识。

第二个优点是，它减少了维护软件版本所需的工作量。大型软件系统经常会更新，例如，当足够多的客户需要新功能时，或者当法律发生变化，要求公司采取不同的行为时。对于不具备技术技能的员工来说，安装更新的过程可能是一场技术噩梦。由于只有一个软件副本驻留在一台计算机上，更新过程更加简单。

第三个优点是降低了计算机硬件成本。云计算概念设想软件和它所需的数据都驻留在云中。理论上，一家公司在云中访问一个软件包所需的一切只是一台非常精简的计算机，几乎不需要文件存储，实际上就是20世纪70年代所谓的“哑终端”。

云计算的支持者声称：它使公司的业务更加灵活，降低了人力和硬件成本，使用户能够在任何地方连接到软件，而不仅仅是从办公环境中的计算机，实现了更高的硬件效率，因为软件包所在的服务器可以更有效地使用我在第一章中详细介绍的闲置资源，更高效地使用资源，并满足绿色议程的要求。它还可以实现更高程度的安全性，因为使用的所有数据都保存在数量有限的服务器上，而不是分散在大量个人计算机上，这些计算机容易受到技术安全攻击和物理安全问题引起的攻击。

云计算也存在潜在的问题。首先，当一家公司破产时会发生什么？如果没有一家公司热衷于接管破产的公司，这将使已倒闭公司的客户陷入非常尴尬的境地。其次，尽管有一种观点认为，使用云计算可以增强安全性，但存在一个问题，即如果云公司的安装过程中发生安全违规，则影响会更大。如果一家公司的数据被盗，那么这只是该公司的一个主要问题：如果数据从一家云公司被盗，其所有客户都将受到威胁。

云计算不仅仅局限于工业和商业软件包，它开始影响家庭计算机用户。电子邮件就是一个很好的例子。许多计算机用户已经转向基于智能手机的电子邮件程序和基于网络的邮件系统。谷歌应用程序就是一个例子。这是一套基于微软办公软件的工具，包括文字处理器、电子邮件程序和日历。如果你对基本功能满意，那么这些应用程序是免费的。不仅应用程序是免费的，而且你使用的存储也是免费的，例如用于字处理文档的存储。

尼古拉斯·卡尔是计算机进化方面最有趣的作家之一。他写了两本书，这两本书将信息技术社区划分开来。第一本书是《IT不再重要》。在这本书里，他认为，随着信息技术变得更加普遍、标准化和廉价，信息技术在商业中的战略重要性已经减弱。在这篇文章和其他一些学术性文章中，他在2004年指出，随着硬件成本的下降，公司会购买他们的计算业务，就像购买电力和天然气等公用事业一样。云计算就是一个例子。

他的第二本书《大转换：重连世界，从爱迪生到Google》，进一步探讨了效用计算的主题，并用电力行业增长的类比来揭示计算领域正在发生的事情。卡尔指出，发电行业一开始几乎就是一个家庭手工业。一家需要电力的公司会安装自己的发电机，并由其工程人员进行维护；这导致了对具有重型电气工程技能的工程师的大量需求。他指出，像爱迪生这样的先驱改变了发电的世界，使电力由大型公用事业公司进行生产和分配。

在一系列巧妙的类比中，卡尔展示了计算中同样的力量在发挥作用：服务正逐渐迁移到驻留在互联网上而不是某些公司场所的大型服务器集合。我将在最后一章探讨其影响，包括：控制权从媒体和其他机构转移到个人，对安全和隐私的主要担忧，以及高技能知识工人的工作输出。

社交计算机

1995年，一个网站在互联网上建立了。这个名为“维基维基网”的网站改变了我们使用计算机的方式。它的开发是为了帮助软件工程领域的程序员有效地互相交流，它是白板的电子版。工程师可以在白板上添加想法，删除他们认为不相关的任何内容，并修改其他人的想法。

在该网站上线之前，从计算机到互联网的流量主要是单向的。如果你想查看网页，可以单击链接，将几个字节的短信息发送到网络服务器，包含数千字节的页面就会返回并显示在浏览器上。“维基维基网”开始了一个过程，计算机用户和互联网之间的互动变得更多是双向的。

早期有一些双向沟通的例子。例如，在线书店亚马逊邀请其网站的用户对他们阅读的书籍发表评论。这些评论随后被插入到包含该书详细信息的网页中。然而，这种交互并不是即时的：它被人工编辑器截取以进行检查，然后插入。

“维基维基网”的发明者是沃德·坎宁安，一位研究人员和顾问。他希望能够与同事交流，让他们可以使用虚拟白板。坎宁安的想法催生了一个被称为“维基”的软件系统。维基所做的是在互联网中维护一个文档或一系列文档。然后，维基用户可以修改其内容，甚至可以删除一些内容。大多数与计算机相关的发明，都可以被视为由软件或硬件的某些改进推动的。维基的发明非同寻常，因为它在概念上很简单，只需对现有系统进行很少的更改。

维基百科可以说是维基最好的例子。这部在线百科全书是由数千名志愿者开发的；著名的科学杂志《自然》进行了一项有争议的研究，将与之同样享有盛誉的《大英百科全书》进行了比较，得出的结论是，两者在准确性方面接近。

维基有很多应用程序。例如，公司使用它们与客户互动：获取对当前产品和服务的看法，并发现客户想要什么。另一个例子是使用维基来运行大型项目，尤其是那些分散在多个地理位置的项目。我自己的大学——一所绝大多数学生在家学习的大学——使用维基让学生能够相互协作；它提供了一种虚拟的互动形式，类似于传统大学中的社会互动。

维基预示着一个双向交流的时代，现在这种交流已经成为互联网上的常态。社交网站“脸书”就是一个很好的例子。“脸书”是一个允许任何人加入的网站，可以建立自己的个人页面，也可以与被称为“朋友”的其他互联网用户群进行交流。“脸书”提供的众多工具之一是“墙”。这是一个共享区域，用户和他们的朋友可以在其中编写他们都可以访问和阅读的信息。

维基仅仅是越来越多地使用计算机进行社交和开发协作产品的一个组成部分。“推特”是一个允许任何连接到互联网的人发送短信息（称为“推文”）的网站，无论是移动的还是其他的。“网络相簿”网站允许用户在网上存储照片，任何有电脑和网络连接的人都可以查看和评论照片。“优兔”是一个视频共享网站，允许用户在互联网上发布短视频，并且像“网络相簿”一样，允许任何人对其发表评论；“美味”是一个允许计算机用户共享收藏夹的网站。“掘客”是一个允许用户共享世界各地链接和故事的网站。“掘客”的用户可以对这些故事进行投票，这些故事将被提升到网站上更突出的位置（一个被称为“挖掘”的过程）或降低显著性（一个被称为“掩埋”的过程）。

产品的协同开发也是过去十年中蓬勃发展的一个领域。维基百科又是一个很好的例子：大量志愿者开发了一部非常全面的百科全书。然而，还有其他一些例子。

一个学术性的例子是“开放湿件”。这是麻省理工学院的一个项目，旨在分享生物学知识，并通过多个合作机构存储研究成果，如文章和实验方案。

计算机可作为数据挖掘工具

计算机与互联网之间的连接和存储技术的进步带来的后果

之一，是生成、存储并使计算机用户易于访问的大量数据。通常，存储的数据量越大，可以从中获取的信息就越多，但处理成本往往更高。

史蒂文·莱维特和史蒂芬·杜布纳在其新书《超级金融经济学》中描述了一个最近的数据挖掘示例。他们描述了如何挖掘潜在恐怖分子的财务记录和习惯以获取信息；这包括消极特征和积极特征。消极特征的一个例子是，他们不太可能有储蓄账户；积极特征是，他们每月的存款或取款时间不一致。

大规模数据使用最生动的例子之一，是语言计算机翻译的最新进展。自20世纪60年代以来，使用计算机在一种语言和另一种语言之间进行翻译一直是研究人员的目标。将A语言翻译成B语言的通常方法是制定一套规则，描述A语言的句子结构，处理A语言中需要翻译的文本，使用规则识别其结构，然后使用B语言的句子结构规则将文本转换为该语言中的对等文本。

在所谓的“机器翻译”方面的进展是稳定的，但很缓慢。然而，谷歌最近的工作加快了这一进程。该公司的研究人员开发了一种新技术，该技术依赖于使用大量现有文本。研究人员使用了一种被称为“机器学习”的技术来进行翻译。机器学习是一种向计算机程序提供大量案例和结果，并试图从所提供的数据中推断出一些假设的方法。在谷歌的案例中，机器学习计划获得了2000亿字的文本以及联合国提供的其他语言文本；然后，它学习了从一种语言到另一种语言的句子转换方式，而不知道所使用的任何语言的结构。与使用语言规则描述的程序相比，未来几年有望有所改进。

兰德尔·斯特罗斯在其著作《谷歌星球》中描述了一个阿拉伯语句子如何被商业翻译系统转换成了“阿尔卑斯山白色新存在磁带，注册用于咖啡确认拉登”，而谷歌系统几乎完美地将其翻译成“白宫确认存在新的本·拉登磁带”。

在本章的开头，我描述了积分卡如何为特易购等零售商提供有用的信息。这是开发可用于各种营销目的的数据库并使用计算机对其进行处理的示例。示例还有很多。数据挖掘的一个主要应用是市场篮子分析。在这里，公司将保留过去的采购和其他数据，如人口统计信息，以提高其销售。例如，亚马逊公司通过使用过去的销售来告知客户他们可能感兴趣的商品，这些商品与他们过去的销售有某种关联；例如，购买犯罪小说的客户再次登录亚马逊网站时，几乎总是会看到新出版的犯罪小说。

使用市场篮子分析的另一个例子是识别所谓的“阿尔法客户”。这些客户的职业生涯让他们面对大量的人。他们可能是经常在电视上看到的名人，也可能是在报纸上看到的名人，也可能是在研讨会和股东大会上被聆听的商界领袖。重要的是，这些人的生活方式经常被模仿，或者其建议被接受。

这种数据挖掘的应用只有通过一种被称为病毒式营销的概念才能盈利，即“脸书”等社交网站放大消费者之间的对话并传播这些对话。有许多例子可以说明这是多么成功。在互联网出现之前，电影《布莱尔女巫计划》不只是一部邪典电影，而且是一部小众的邪典电影；网络口碑使它获得了巨大的成功。

聚合数据技术的一个有趣商业用途是预测市场。这在许多方面与投资者买卖公司股票的股票市场相似。然而在预测市场中，它是一项预测：它可能是关于谁将获得奥斯卡奖，政党的选举多数是什么，或是诸如汇率重大变化等经济事件的预测。当此类市场流行时，它们可以进行高度准确的预测。例如，一个涉及奥斯卡预测买卖的市场准确预测了2006年奥斯卡36大类提名中的32项，以及8大类获奖者中的7项。

从互联网现象来看，预测市场现在已经成为大公司用于经济预测的东西。例如，谷歌等公司利用内部预测市场来确定业务政策。

在本书的开头，我将计算机定义为：

> 计算机包含一个或多个处理数据的处理器。处理器连接到数据存储器。操作者的意图是通过若干输入设备传达给计算机的。处理器执行的任何计算结果都将展示在若干显示设备上。

你可能会认为这就是我的学术性：依赖定义，厘清所有问题，并试图语义清晰。然而，这一定义的要点是，它不仅涵盖了你办公桌上用于文字处理和网络浏览等任务的计算机、帮助飞行的计算机或嵌入iPod的计算机芯片，还包括由数亿台计算机组成的、嵌入云的更大计算机；我希望这一章能让你相信这一点。

第八章

下一代计算机

引　言

自国际商用机器公司开发出第一台大型机以来，计算机的基本体系结构已经保持了六十年不变。它由一个处理器组成，该处理器可以逐个读取软件指令并执行它们。每一条指令都会导致数据被处理，例如通过将数据添加到一起；数据存储在计算机的主存储器中，或存储在某种文件存储介质上；或者被发送到互联网或其他计算机。这就是所谓的冯·诺伊曼体系结构；它是以约翰·冯·诺伊曼的名字命名的，他是一位归化的美国数学家，在20世纪40年代和50年代处于计算机研究的前沿。他的关键思想至今仍占据主导地位，那就是在计算机中，数据和程序都存储在同一地址空间的计算机存储器中。

冯·诺伊曼体系结构几乎没受到什么挑战。在最后一章中，我将介绍两种未来的计算方法，它们涉及完全不同的体系结构。我还将研究一个被称为“神经网络体系结构”的子架构，它与大脑中的神经结构有一些相似之处。但是，一段奇怪的历史可能会重演。

函数式编程和非标准体系结构

20世纪80年代，计算机研究人员的研究经费大幅增加，英国、欧洲大陆和美国的资金来源多得令人难以置信。如果认为这是因为政府意识到了计算机的潜力，那就太好了。然而，它的出现是因为恐惧：对日本工业的恐惧。日本通产省宣布了一项向计算机技术提供资金的重大计划，西方国家政府在经历了日本电子和汽车行业所造成的巨大破坏后，担心其仍在发展的计算机行业也会发生类似的事情。

英国设立了阿尔维项目。这是政府部门和科学研究委员会之间的一项联合计划，旨在推动研究和提供训练有素的信息技术人员。这项研究有许多线索，其中之一就是新颖的计算机体系结构。

在20世纪80年代，许多研究人员描述了软件开发和冯·诺伊曼体系结构的问题。一些人指出，用传统编程语言开发的软件常常出错，而且计算机读取数据、处理数据和写入存储的艰苦过程过于详细和复杂。其他研究人员指出，在未来的几十年，硬件技术将发展到可以在单个芯片上嵌入大量处理器的地步：这在计算能力方面提供了重大机会，但由于程序员试图在处理器之间共享工作，也会产生更多错误。

为了解决这些问题，计算机科学家开始开发一种新的编程语言，被称为“函数语言”。这些语言没有常规编程语言的分步功能；相反，它们由一系列数学方程组成，这些方程定义了计算的最

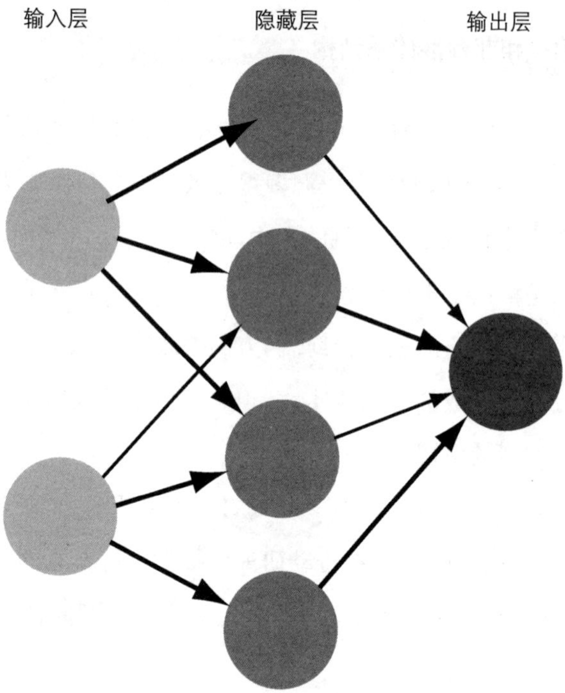

图9　一个简单的神经网络

终结果。由计算机“解”这些方程并给出正确的结果。

许多函数语言被开发出来，最著名的四种是FP、Haskell、ML和Miranda。还有许多执行这些语言程序的计算机包被开发出来。不幸的是，出现了一个问题：程序驻留在冯·诺伊曼计算机上，这导致执行速度非常慢，因为传统的体系结构无法胜任这项工作。

由于传统体系结构的问题，许多研究机构利用硬件处理器阵列创建了新型计算机。这些处理器将采用功能程序，并处理程序的内部表示，将其简化为可以高效执行的形式。

由于计算机科学家进入网格计算等其他领域，这方面的结果并不乐观，函数编程研究和新型体系结构也在下降。直到最近，这一有趣研究领域的唯一剩余部分还可以在计算机科学学位课程中找到，在那里，函数编程偶尔会成为第一年本科教学的一个基本要素。

我之所以使用“直到最近”这个词，是因为人们对函数语言重新产生了兴趣。这是因为多处理器芯片的可得性不断提高，其运行速度也大幅提高。例如，在2009年，英特尔宣布了一款处理器，即单芯片云计算机，在一块不超过一张邮票大小的硅晶片上有48个处理器。这意味着，例如，主要从事职业销售而非学术销售的出版商在发行有关函数编程语言的书籍。随着台式计算机的功能越来越强大，处理器也越来越多，即使这些语言是在传统体系结构上实现的，也应该实现更大的渗透。

神经网络是一种有趣的体系结构，它的应用范围相对有限。这是一种经常在冯·诺伊曼计算机上模拟的体系结构。它用于模式识别应用和预测短期趋势。

罗切斯特大学医学中心的安德里亚·道森、加利福尼亚大学旧金山分校的理查德·奥斯丁和布里格姆妇女医院的戴维·温伯格，开发了一种基于神经网络的癌细胞检测系统；该系统可以检测癌细胞，准确度与人类检测相当。

伦敦大学玛丽皇后学院的研究人员将神经网络用于安全应用中，即使入侵者可能正在移动，他们也能聚焦建筑物中可疑入侵者的面部。

萨塞克斯大学的研究人员使用了我在第四章中描述的遗传编程思想，创建了几代神经计算机，并选择了最好的神经计算机来解决追捕和逃脱领域的问题，因为某人或某物试图躲避追捕者。

那么，什么是通常被称为“神经网络”的神经计算机？最初，这种计算机的想法源于对大脑神经结构的研究。图9显示了一个简单的示意图。它由一个输入层组成，该层可以感知来自某些环境的各种信号，例如构成人脸图片的像素。在中间（隐藏层），有大量的处理元素（神经元），这些处理元素被排列成子层。最后，还有一个输出层，它提供了一个结果，例如，这可能是安全系统上的一个简单窗口，例如，当识别出航空公司乘客是潜在恐怖分子时。

这项工作是在神经计算机的中间层完成的。其发生的机制是，通过向网络提供要识别的趋势或项目的示例，对网络进行培训。训练的目的是加强或削弱中间层处理元素之间的联系，直到它们结合在一起，当向它们呈现与先前训练的示例相匹配的新案例时，它们会产生一个强信号；当遇到与示例不匹配的项目时，它们会产生一个弱信号。

神经网络是在硬件中实现的，但大多数则是通过软件来实现的，其中的中间层是在执行学习过程的代码块中实现的。

在研究其他新的体系结构之前，值得一提的是，尽管最初的动力是利用神经生物学的思想，在考虑大脑过程的基础上开发神经体系结构，但目前商业实现中使用的内部数据和软件与人脑之间几乎没有相似之处。

量子计算机

在第四章中，我讨论了超大规模集成电路技术如何使计算机公司开发出越来越强大的计算机；功率的增加是由于在单个芯片上挤压越来越多处理器的能力的增强。

冯·诺伊曼计算机的基础是使用集合成字节的二进制数字（0或1）存储数据。量子计算机则以量子位数据存储；这些也可以原子、离子、光子或电子来实现。这些量子位不仅可以作为数据的存储元素，还可以组合在一起来实现硬件处理器。

为了了解量子计算机的功能，牛津大学的学者和物理学家、该领域的先驱之一戴维·多伊奇计算出，一台普通的30量子位计算机可以在每秒10万亿次浮点运算速度下工作。这与21世纪头十年运行的超级计算机所达到的速度相当。

使用量子思想实现计算机的一个问题是，担心观察量子位可能产生的影响。例如，试图检查一个量子位的状态可能会改变它的状态。这意味着从量子计算机读取数据可能会非常困难，而这一过程在传统计算机上非常容易。

令人高兴的是，有一种被称为量子纠缠的现象，它得到了量子计算机开发人员的帮助。2006年，美国商务部国家标准与技术研究所的物理学家，在10月19日出版的科学杂志《自然》上报告称，他们朝着将纠缠转化为可用于读取量子数据的技术迈出了重要一步。他们展示了一种重排纠缠原子对的方法——一种被称为提纯的过程——其中包括缠绕的两对铍离子。这意味着可以间接观察量子计算机中的数据,而不影响其价值。

量子计算才刚刚起步。迄今为止,研究结果的规模还非常小:例如,加拿大的一家初创公司D-Wave演示了一台可工作的16量子位的量子计算机。计算机解决了一个简单的数独难题和其他模式匹配问题。现在,与传统计算机的性能相比,这个中等规模问题的解决方案在性能方面并没有太大的成就。然而,这是一个戏剧性的概念证明。

量子计算机很重要,因为一台基于量子物理学思想的成功计算机可以颠覆目前存在的许多技术。它将产生最大影响的领域之一是密码学。许多现代密码方法依赖于这样一个事实,即解决某些问题非常困难,这些问题被称为棘手问题。然而,研究人员指出,一台相对有限的量子计算机就可以解决这些问题;事实上,这个学术社群所面临的挑战之一就是如何做到这一点。

例如,2001年,国际商用机器公司和斯坦福大学的计算机科学家证明,量子计算机可以通过编程来查找数字的素因子(素因子是一个能整除给定正整数的数字,并且不能被进一步约除;例如,33的素因子是3和11)。研究人员使用一台7量子位的计算机来查找15(5和3)的素因子。素因子的确定是使基于互联网的密码学获得成功的问题之一。

不过,在计算方面,这并不是什么伟大的成就;例如在2005年,德国联邦信息技术安全局的研究人员使用一组传统计算机来分解一个200位的数字。然而，它代表了一个重要的概念验证，如果能将其产业化，它将威胁到我们用于发送安全数据的大部分技术。

DNA计算机

脱氧核糖核酸（DNA）是一种含有遗传指令的核酸，用于确定生物体和某些病毒的发育和生命。当生物学家提到DNA时，他们经常用计算机程序来谈论它：一个在执行的程序，控制我们的身体生长，并构成我们的基因图谱。

DNA包含由两个被称为核苷酸的简单单元长聚合物组成的数据。在DNA中也有糖和磷酸盐。附着在每一种糖上的是四类（A、T、C和G）分子中的一类，被称为碱。这些是编码我们基因发育中所用信息的基本单位。

因此，我们就有了一台潜在的包含数据的计算机和一个处理这些数据的程序。早在1994年，美国计算机科学家伦纳德·阿德尔曼就表明，基于DNA的计算机可以解决有向汉密尔顿路径问题。这是第四章描述的旅行推销员问题的一个特殊版本。阿德尔曼的程序处理的数据点数量很少：台式计算机可以在短时间内获得正确的解决方案。然而，它代表了一种概念验证。

这些是DNA计算机为解决问题可能执行的步骤：DNA链将被视为解决问题的数据。这些将使用在基础中被找到的A、T、C和G编码进行编码。

然后，这些分子会被混合，许多DNA链会粘在一起。每一组绞线都代表了问题的可能解决方案。无效答案将通过一系列化学反应消除,剩下的将是问题的一个或多个解决方案。

在阿德尔曼完成划时代的工作后,许多研究小组意识到使用人类遗传物质的潜力,开始研究DNA和冯·诺伊曼计算机之间的类似物。罗切斯特大学的研究人员利用遗传物质开发出了被称为“逻辑门”的电子电路。正如你在第一章中所记得的,逻辑门是一种电子设备,它接受许多位,并产生另一个二进制位作为输出,该二进制位取决于输入。例如,“与”逻辑门的两个输入为1时产生1,否则产生0。正如DNA的组成部分是生命的基本组成部分一样,门也是计算机的基本组成部分;例如,它们用于实现加法和减法等算术函数。

DNA计算机显然与当前的计算机有着根本的不同,因为用于生产它们的材料是化学性质的——当前的计算机是由金属和硅制成的。然而,它们并不像量子计算机那样背离冯·诺伊曼的思想。它们所提供的是一种计算范式,这种范式提供了大量的存储和很少的功耗。就像量子计算机一样,它们只是刚刚从概念验证阶段出现。

反乌托邦视角

乔纳森·齐特林是一位杰出的互联网治理教授。他写了一本关于互联网未来的重要著作——不是技术未来,而是一个可能受到政府和工业行动制约的未来。在这本书的结尾加上一章对计算机的看法有些不合时宜,这似乎有些奇怪;毕竟,这整本书都是关于计算机的，并集中于它所取得的惊人进步——那么，为什么要以互联网作结，为什么要终结于一个悲观的音符呢？第一个问题很容易回答：这本书一直强调，你不能让计算机脱离它现在运行的网络环境。第二个问题的答案是，如果不考虑一些缺点，很容易被计算机的奇思妙想冲昏头脑。我在第三章中做了一点，在那里，我简要探讨了一些安全和隐私问题。

计算机可以解决重大问题而无须考虑背景的想法似乎仍然很流行。这方面的一个例子是与英国政府信息技术项目相关的浪费；过去十年来，国家卫生信息技术项目等大型项目出现资金渗漏。例如，纳税人联盟最近的一份报告记录了大量报告预算超支的政府项目。它详细说明了约190亿英镑的超支，其中基于信息技术的项目贡献了120亿英镑。

在他的书的第一部分，齐特林描述了计算机的历史。它始于个人计算机由专业人员维护，软件系统满足狭窄的要求，例如制作员工工资单的时候——这发生在20世纪60年代左右。然后，他描述了个人电脑逐渐成为许多人电子家具一部分的过程，以便非技术用户可以安装他们想要的任何软件，直到通过互联网，它成为一种大规模创造力和大规模协作的工具。

在他的书中，齐特林探讨了这种蜕变的各个方面之间的紧张关系：第三章详述的安全性下降，第五章详述的隐私下降，以及计算机和互联网作为公共财产能够提供信息、促进协作和鼓励创造力的概念。

齐特林介绍了计算机发展中可能出现的一些阻碍因素，以及未来可能使用它做些什么。一个潜在的障碍是允许访问互联网的设备，其访问方式只能由设备制造商控制。这些设备包括游戏机、MP3播放器、数字电视录像机和电子阅读器。

这些设备要么完全封闭，要么几乎完全封闭，用户只能在严格条件下访问和修改底层软件——通常这些用户为设备开发第三方软件，只有在达成商业协议后才允许访问。

齐特林暗示的一个可能未来是，在互联网中，通过家庭计算机终端进行访问，而当前个人电脑的硬件能力很低——它们只是连接到互联网，并且有一系列捆绑设备以同样的方式限制用户，例如，朝鲜政府限制其国内的外部无线接收。

齐特林的主题之前是尼古拉斯·卡尔在《大转换》一书中提出的想法。卡尔的重点是商业。在书中，他将互联网的增长与发电的增长进行了比较。在19世纪下半叶和20世纪初，发电几乎是作为家庭手工业进行的，每家公司都维护自己的发电机，并雇用重型电气工程师来维护发电机。卡尔的书展示了托马斯·爱迪生和塞缪尔·英萨尔如何通过开发一种基础设施，使国内用户和工业用户从电网中获取电力，从而彻底改变了发电行业。向电力的转移很快，这是发电技术进步的结果，也是用交流电取代直流电的根本步骤。

卡尔将发电量的增长与互联网的增长进行了比较。正如你在第七章中所看到的，计算机能力越来越趋向于集中化。例如，越来越多的网站安全地存储你的数据；网格允许互联网消除个人电脑的处理压力；而且，越来越多的公司通过网站提供软件功能，而不是通过提供可在个人电脑或服务器上安装软件的设施。

基础设施已经存在，可以用精简的、基于计算机的消费设备取代个人电脑，这些设备具有屏幕、键盘和足够的硬件，允许用户与互联网进行通信，并在固件中嵌入不可修改的软件。

卡尔的论文也得到了另一位作家吴修铭的支持。在《总开关》一书中，吴先生还采用了基于电视和其他传播媒体发展的历史视角。他指出，由于商业压力，那些曾经自由开放的技术最终变得集中和封闭。

因此，未来计算机的另一个形象是作为一个嵌入式设备嵌入消费电子产品中，通过浏览器与互联网交互；使用远程服务器上的文字处理器执行诸如开发文本等活动。这将是一件电子设备，防止用户通过软件修改设备。几十年后，我们可能会像看早期发电硬件的照片一样看我们目前使用的台式机或笔记本电脑。

译名对照表

A

Adams, Joel 乔尔・亚当斯
Adleman, Leonard 伦纳德・阿德尔曼
Anderson, Chris 克里斯・安德森
Austin, Richard 理查德・奥斯丁

B

Brixey, Shawn 肖恩・布里克西
Bowen, Debra 德布拉・鲍温
Brom, Tim 蒂姆・布朗

C

Carr, Nicholas 尼古拉斯・卡尔
Christensen, Clayton 克莱顿・克里斯滕森
Cocks, Clifford 克利福德・柯克斯
Cunningham, Ward 沃德・坎宁安

D

Dawson, Andrea 安德里亚・道森
Deutsch, David 戴维・多伊奇
Diffie, Whitfield 惠特菲尔德・迪菲
Dombis, Pascal 帕斯卡・多姆比斯
Dubner, Stephen 史蒂芬・杜布纳

E

Ellis, James 詹姆斯・埃利斯
Erasable Programmable Read-Only Memories (EPROM) 可擦可编程只读存储器

F

Fonda, Jane 简・方达
Freedom of Information Act《信息自由法》

G

Gray, Jim 吉姆・格雷

H

Halstead, Dirck 德克・霍尔斯特德
Hamiltonian path problem 汉密尔顿路径问题
Hart, Michael 迈克尔・哈特
Hellman, Martin 马丁・赫尔曼
Hopper, Grace 格雷丝・霍珀

K

Kasparov, Gary 格雷・卡斯帕罗夫
Kerry, John 约翰・克里
Krums, Janis 贾尼斯・克鲁姆斯

L

Levitt, Steven 史蒂文・莱维特

M

Maxfield, Clive 克莱夫・马克斯菲尔德

McEwen, Rob 罗伯・麦克伊文
Mitnick, Kevin 凯文・米特尼克
Moore, Gordon 戈登・摩尔

O

O'Hara, Kieron 吉隆・奥哈拉

P

Pfleeger, Charles 查尔斯・弗莱格
Pfleeger, Shari 莎丽・弗莱格
Pogue, David 戴维・波格

R

Radamacher, Paul 保罗・拉德马赫
Rivest, Ronald 罗纳德・李维斯特

S

Shadbolt, Nigel 奈杰尔・沙德博尔特
Shamir, Adi 阿迪・萨莫尔
Simon, John 约翰・西蒙
Stross, Randall 兰德尔・斯特罗斯

T

Tanenbaum, Andrew 安德鲁・塔南鲍姆
Thomas Watson 托马斯・沃森
Torvalds, Linus 林纳斯・托瓦兹

V

von Neumann, John 约翰・冯・诺伊曼

W

Weinberg, David 戴维・韦恩伯格
Williamson, Malcolm 马尔科姆・威廉姆森
Wu, Tim 吴修铭

Z

Zittrain, Jonathan 乔纳森・齐特林

扩展阅读

In this section, I have included a list of excellent books that are relevant to each chapter and which expand upon the main points made in each. Some of these are relevant to more than one chapter, so you will find some duplication.

The naked computer

M. Hally, *Electronic Brains: Stories from the Dawn of the Computer Age* (Granta Books, 2006).

C. Petzold, *Code: the Hidden Language* (Microsoft Press, 2000).

The small computer

C. Maxfield, *BeBOP to the Boolean Boogie: An Unconventional Guide to Electronics* (Newnes, 2008).

The ubiquitous computer

N. Christakis and J. Fowler, *Connected* (HarperCollins, 2011).

A. Greenfield, *Everyware: The Dawning Age of Ubiquitous Computing* (Peachpit Press, 2006).

J. Krumm (ed.), *Ubiquitous Computing Fundamentals* (Chapman and Hall, 2009).

K. O'Hara and N. Shadbolt, *The Spy in the Coffee Machine* (Oneworld Publications, 2008).

The global computer

C. J. Murray, *The Supermen: The Story of Seymour Cray and the Technical Wizards Behind the Supercomputer* (Wiley, 1997).
J. Naughton, *A Brief History of the Future: Origins of the Internet* (Phoenix, 2000).
M. M. Waldrop, *The Dream Machine: J. C. R. Licklider and the Revolution That Made Computing Personal* (Penguin Books, 2002).
J. Zittrain, *The Future of the Internet* (Penguin Books, 2009).

The insecure computer

K. O'Hara and N. Shadbolt, *The Spy in the Coffee Machine* (Oneworld Publications, 2008).
K. D. Mitnick and W. L. Simon, *The Art of Deception* (Wiley, 2003).
C. P. Pfleeger and S. L. Pfleeger, *Security in Computing* (Prentice Hall, 2006).
F. Piper and S. Murphy, *Cryptography: A Very Short Introduction* (Oxford University Press, 2002).
B. Schneier, *Secrets and Lies* (Wiley, 2004).
B. Schneier, *Beyond Fear: Thinking Sensibly about Security in an Uncertain World* (Springer, 2003).

The disruptive computer

C. M. Christensen, *The Innovator's Dilemma: When New Technologies Cause Great Firms to Fail* (Harvard Business School Press, 1997).
C. M. Christenson and M. E. Raynor, *The Innovator's Solution: Creating and Sustaining Successful Growth* (Harvard Business School Press, 2003).
J. Gomez, *Print Is Dead* (Macmillan, 2007).
D. Silverman, *Typo: The Last American Typesetter or How I Made and Lost 4 Million Dollars* (Soft Skull Press, 2008).

The cloud computer

I. Ayres, *Super Crunchers* (John Murray, 2008).
N. G. Carr, *Does IT Matter? Information Technology and the Corrosion of Competitive Advantage* (Harvard Business School Press, 2004).
N. G. Carr, *The Big Switch: Rewiring the World, from 'Edison' to 'Google'* (W. W. Norton, 2009).

B. Mezrich, *The Accidental Billionaires: The Founding of Facebook – A Tale of Sex, Money, Genius and Betrayal* (Doubleday, 2010).
R. E. Stross, *Planet Google* (Atlantic Books, 2009).
B. Tancer, *Click* (Hyperion, 2009).
D. Tapscott and A. D. Williams, *Wikinomics* (Atlantic Books, 2006).

The next computer

N. G. Carr, *The Big Switch: Rewiring the World, from 'Edison' to 'Google'* (W. W. Norton, 2009).
J. Gleick, *The Information: A History, a Theory, a Flood* (Fourth Estate, 2011).
T. Wu, *The Master Switch* (Atlantic Books, 2011).
J. Zittrain, *The Future of the Internet: And How to Stop It* (Penguin Books, 2009).